国家水产养殖种质资源状况报告

第一次全国水产养殖种质资源普查工作办公室 ◎ 编

中国农业出版社

北京

编写委员会

主　编：袁晓初　韩　刚　胡红浪

副主编：陈家勇　曾　昊　马卓君　王建波　邵长伟

编　者：（按姓氏笔画排序）

马　波	马卓君	马凌波	王　书	王　倩
王　磊	王小鹏	王玉梅	王建波	方　辉
户　国	史　博	白志毅	朱　健	朱华平
刘　朋	刘　涛	刘　铭	刘永新	刘宇岩
刘志鸿	刘英杰	刘宝锁	孙广伟	孙东方
纪利芹	杜　军	李　伟	李　军	李运东
李转转	李绍戊	李炯棠	吴　彪	吴珊珊
邹　民	沙　航	张春晓	张晓雯	张殿昌
陈家勇	邵长伟	林明辉	庚宸帆	郑先虎
郑圆圆	孟宪红	赵　明	胡红浪	侯吉伦
闻海波	袁晓初	倪　蒙	徐革锋	徐钢春
徐瑞永	高泽霞	高保全	唐保军	梁宏伟
谌　微	彭瑞冰	韩　刚	韩　枫	韩自强
曾　昊	潘晓赋			

序 言

　　水产养殖种质资源是推动现代水产种业和水产养殖业高质量发展的必备物质基础，是新时期践行大食物观、构建多元化食物供给体系的战略性资源。习近平总书记高度重视种业工作，多次作出指示批示，要求"把种源安全提升到关系国家安全的战略高度""实现种业科技自立自强、种源自主可控"，强调"种业是现代农业、渔业发展的基础，要把这项工作做精做好"。

　　水产养殖种质资源的收集、保护与利用是"向江河湖海要食物"的生动体现，是保障水产种源安全、推进水产种业振兴的根本途径。《种业振兴行动方案》将农业种质资源保护列为首要行动，把种质资源普查作为种业振兴"一年开好头、三年打基础"的首要任务。2021年3月，农业农村部印发《全国农业种质资源普查总体方案（2021—2023年）》，明确利用3年时间开展第三次全国农作物和畜禽种质资源普查，以及首次全国水产养殖种质资源普查。2021年10月，全国水产种业振兴行动工作推进会在山东青岛召开，会议对全国水产种业振兴行动进行全面部署，要求加快推进水产养殖种质资源普查工作。2021年至2023年，农业农村部渔业渔政管理局组织中国水产科学研究院、全国水产技术推广总站成立了第一次全国水产养殖种质资源普查工作办公室，组建技术专家组、制定普查方案、明确普查方法、开展技术培训、开发数据库、强化调度指导，组织全国31个省（自治区、直辖市）和新疆生产建设兵团以县域为单位、养殖场户为对象开展了水产养殖种质资源种类、群体数量、区域分布和保护利用等情况调查；组织具有鉴定评价基础和优势的单位开展了主要水产养殖种质资源特征特性测定、遗传多样性评价。全国7万余名普查人员进村入户调查养殖主体92万余家，重点调查水产遗传育种中心、水产原良种场等养殖主体896家，录入信息数据210余万条。普查到水产养殖种质资源857个（包括：原种558个，品种209个，引进种90个），摸清了312个重点水产养殖种质资源的形态特征、品质特性和遗传多样性水平，发掘了黄条鰤、瓦氏雅罗鱼、锦绣龙虾、橄榄蛏蚌等一批优异的水产养殖种质资源，制作了12万余份水产养殖种质资源遗传材料并进行了有效保存。

通过第一次全国水产养殖种质资源普查，全面摸清了全国水产养殖种质资源的家底情况，系统评估了主要水产养殖种质资源现状，形成了《国家水产养殖种质资源状况报告》，为建立从收集保存、鉴定评价到创新利用的水产养殖种质资源全链条保护与可持续利用体系，实现水产种业科技自立自强和保障水产养殖业高质量发展奠定了坚实物质基础。

编　者

2024年2月

目 录

序言

>>> 第一章
中国水产养殖种质资源总体状况

中国水域辽阔，生境多态，孕育了丰富的水生生物资源，是中国水产养殖种质资源开发利用的重要种质宝库。第一次全国水产养殖种质资源普查结果显示，中国水产养殖种质资源共857个，包括原种558个、品种209个、引进种90个（图1-1），总体表现为种类多、数量大、分布范围广，具有生态习性多样、遗传多样性丰富、营养品质优良和利用途径多元的特点。

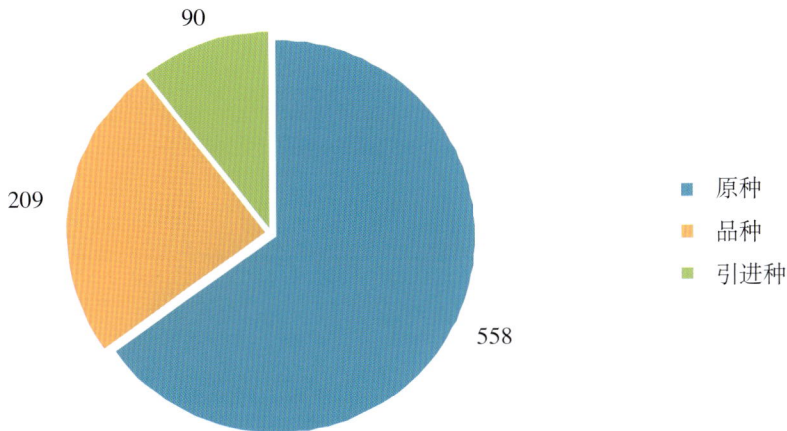

图1-1　第一次全国水产养殖种质资源普查数量情况（按类型分）

第一节　数量和分布

（一）种类数量

普查结果显示，中国水产养殖种质资源共857个，分别为淡水鱼类404个、海水鱼类124个、虾蟹类62个、贝类136个、藻类41个、两栖爬行类62个、棘皮类14个和其他类14个，共8大类（图1-2），分属26个纲、65个目、155个科、369个属、643个物种。总体而言，在数量上呈现沿海省份多于内陆省份、南方省份多于北方省份的趋势，其中广东、浙江、广西、福建水产养殖种质资源数量超过300个。另外，我国水产养殖种质资源拥有庞大的种群数量，年均保存亲本81亿尾（粒、只、个）以上，为我国水产养殖提供了重要种源保障。

普查分析显示，目前我国基本实现了"中国鱼主要用中国种"，丰富而独特的水产养殖种质资源为中国水产养殖品种多样化发展提供了物质基础，支撑中国连续34年成为养殖产量超过捕捞产量的国家。2022年，中国养殖水产品产量5565.46万吨，占水产品总产量的81.1%，在保障水产品有效供给方面发挥了至关重要的作用，为我国居民提供了丰富的优质蛋白，成为城乡居民"菜篮子"的重要组成部分。

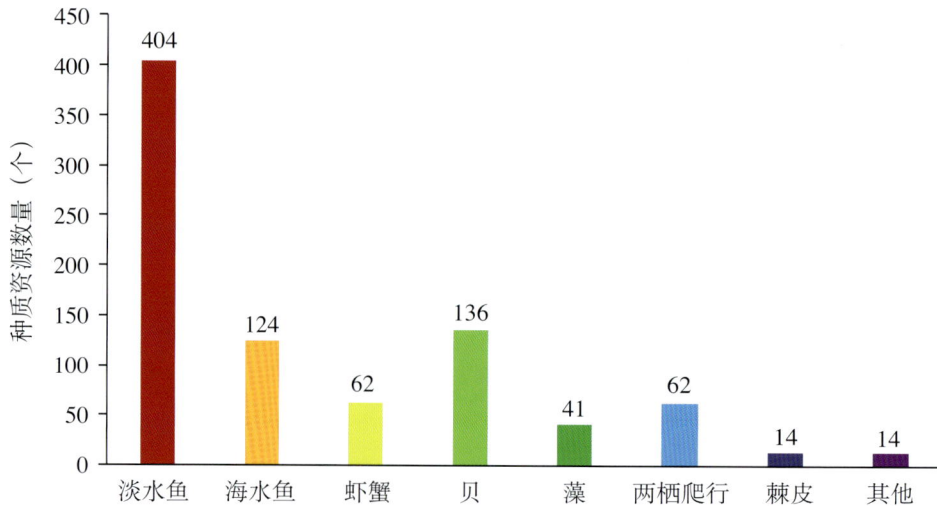

图1-2　第一次全国水产养殖种质资源普查数量情况（按种类分）

（二）区域分布

普查到的857个水产养殖种质资源分布在全国31个省（自治区、直辖市）的2780个县（市、区）的92万余家水产养殖主体中。其中，普查到的种质资源最北位于黑龙江省大兴安岭地区漠河市，最南位于海南省三沙市，最西位于新疆维吾尔自治区克孜勒苏柯尔克孜自治州，最东位于黑龙江省佳木斯市抚远市。黄渤海、东海及南海等深远海区域也都有水产养殖种质资源分布。此外，有些种类的种质资源分布也十分广泛，如鲤和鲫在全国31个省份有分布；草鱼、鲢、鳙、大口黑鲈、乌鳢、黄颡鱼、克氏原螯虾和中华绒螯蟹在全国30个省份有分布；凡纳滨对虾在全国28个省份有分布。

第二节　特征特性

（一）生态习性特性

普查分析显示，我国水产养殖种质资源生态习性具有多样性。根据温度适应性可分为冷水种、温水种和暖水种。冷水养殖种质资源要求在较低水温下生活，如鲟、虹鳟等；温水养殖种质资源适温范围较广，我国大多数水产养殖种质资源均属于这种类型，如花鲈、黄姑鱼等；暖水养殖种质资源要求在较高水温下生活，如罗非鱼、石斑鱼等。根据盐度适应性可分为淡水种、海水种、半咸水种。淡水养殖种质资源主要分布在沿江、沿河、沿湖等区域；海水养殖种质资源主要分布在沿海区域；半咸水养殖种质资源主要分布在沿河口、盐碱水域等区域。根据食性和特殊的摄食方式可分为肉食种、杂食种、草食种和滤食种。肉食养殖种质资源有花鲈、牙鲆、石斑鱼、大黄鱼等；草食养殖种质资源有草鱼、团头鲂、鳊等；杂食养殖种质资源有泥鳅、鲤、尼罗罗非鱼等鱼类以及虾蟹类、龟鳖类；滤食养殖种质资源常见的有鲢、鳙及贝类等。此外，有些种质资源还具有不同的生态习性，如凡纳滨对虾既可适应海水也可适应淡水养殖环境。

（二）遗传多样性特征

普查结果显示我国水产养殖种质资源遗传多样性丰富。**一是物种内遗传多样性丰富。**以70多个主要养殖物种为基础，已培育表型各异、经济性状各具特色的品种209个（截至2021年统计数据），其中培育新品种超过5个的种类有16个（图1-3）。以鲤为例，已培育包括芙蓉鲤、荷包红鲤、建鲤、福瑞鲤、松浦镜鲤、豫选黄河鲤、易捕鲤等26个新品种，基本实现了养殖良种化。我国在引入尼罗罗非鱼、奥利亚罗非鱼和吉富品系尼罗罗非鱼的基础上，通过遗传改良自主培育罗非鱼新品种11个，有力推动了罗非鱼养殖业发展。**二是大多数水产养殖种质资源经历人类驯化时间相对短，其种群内遗传多样性丰富，为水产良种选育提供了物质基础。**诸如人工驯养历史较短的马口鱼、黑尾近红鲌、波纹龙虾、西施舌、羊栖菜等，具有较高的遗传多样性。但是普查分析也显示，一些水产养殖种质资源的遗传多样性相对偏低，群体间遗传分化程度不高，诸如泥鳅、斑

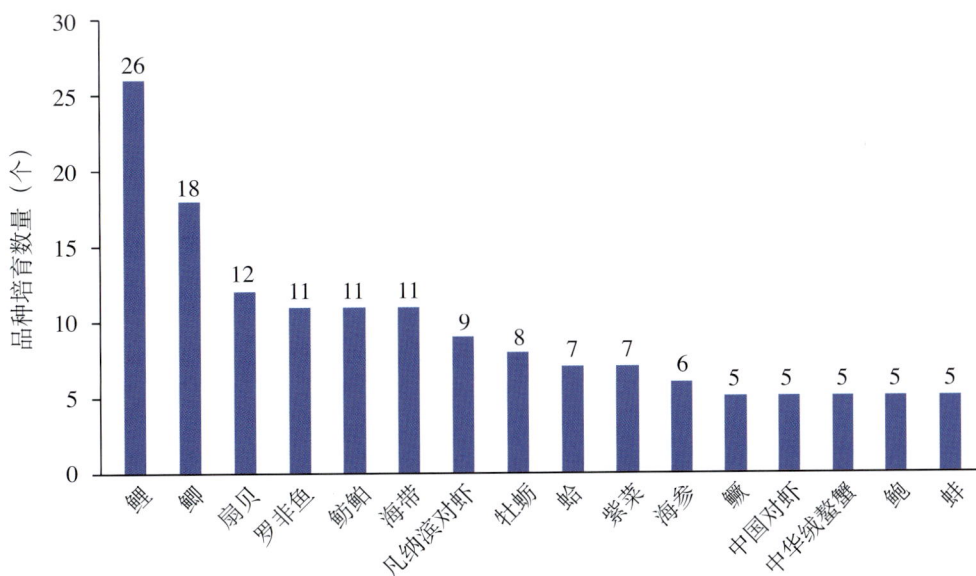

图1-3　主要养殖物种新品种培育情况

石鲷、红螯螯虾、长牡蛎、海带等，可能是养殖过程中保种的有效群体不足或者基础群体来源单一等因素造成的，应引起重视。

（三）营养品质特征

普查结果显示主要养殖经济鱼类种质资源的鱼肉粗蛋白含量为 14.2 ～ 24.32 g/100 g，虾蟹类与鱼类大致相同，贝类、两栖爬行类及棘皮类等含量次之，藻类的含量较低（0.98 ～ 5.26 g/100 g）。除了蛋白含量高外，水产养殖种质资源还具有脂肪含量低的显著优点，其中藻类的脂肪含量最低，为 0.17 ～ 0.62 g/100 g，虾蟹类、两栖爬行类及棘皮类稍高，鱼类脂肪含量范围较为广泛。同时，鱼类养殖种质资源还普遍含有丰富的不饱和脂肪酸二十碳五烯酸（EPA）和二十二碳六烯酸（DHA），其中海水鱼中 EPA 和 DHA 含量平均分别为 84.22 mg/100 g 和 296.96 mg/100 g，淡水鱼中 EPA 和 DHA 含量平均分别为 34.18 mg/100 g 和 110.59 mg/100 g。此外，虾蟹类的虾青素含量较高，多数贝类和藻类的多糖含量较高，棘皮动物的皂苷等营养成分或活性物质含量较高。

普查分析表明中国水产养殖种质资源营养品质优良，对供应人体必需的营养起着重要作用。2023 年 4 月，习近平总书记在广东考察时指出"水产品的营养价值很高，提高我们国民的身体素质，把水产搞上去，把蛋白质搞上去很重要"。未来随着育种科技水平的不断提高，将培育出营养品质更加优良的水产养殖种质资源。同时，随着人们食品消费结构不断优化，水产品将在促进国民身体素质提高中发挥更大的作用。

（四）利用途径特性

普查分析显示，我国水产养殖种质资源开发利用价值多种多样，从多个方面为满足人民对美好生活的需要做出了贡献。除国家规定禁止食用以及少数不能食用的水产养殖种质资源外，大部分水产养殖种质资源都具备食用价值。另外，有些水产养殖种质资源不仅是优质蛋白来源，亦是美味佳肴，如鱼子酱、蟹黄、蟹膏等；有些水产养殖种质资源兼具食用、药用和工业等多种用途，如海带含丰富的碘，对预防和治疗甲状腺肿有很好的效果，同时也是提取褐藻糖胶、甘露醇等的重要工业原料；鲍的壳、乌贼的内壳、海马、蛭等可以入药，鲨血相关制剂被广泛应用于针剂药品、生物制品、抗癌药物等的细菌毒素检测；有些水产养殖种质资源因野生群体稀少，人工繁育后对其展开增殖有利于物种种群的恢复，如中华鲟、黑斑原鮡、青海湖裸鲤等；有些水产养殖种质资源因色彩鲜艳或形态奇特而具有观赏价值，如金鱼、锦鲤等。此外，三角帆蚌等可用于生产珍珠，鳄鱼皮可用于制作皮革制品等。

>>> 第二章
中国淡水鱼类养殖种质资源状况

我国幅员辽阔，地理、生态和气候条件多样，淡水水系发达、江河湖库众多，为淡水鱼类养殖提供了有利条件，商朝时期就已有淡水鱼类驯养的记载，随着养殖从业者在种质资源保护和利用上的不断努力，目前已形成丰富多样的淡水鱼类养殖种质资源。

第一节　数量和分布

（一）种类数量

普查显示我国淡水鱼类养殖种质资源404个，包括原种271个、品种86个、引进种47个，占我国全部水产养殖种质资源的47.14%，是水产养殖种质资源中种类最丰富的类群。在这些种质资源中，养殖产业规模较大、养殖较普遍的种质资源有136个（图2-1），如青鱼、草鱼、鲢、鳙、鲤、鲫、团头鲂等，占淡水鱼类养殖种质资源总数的33.66%，是当前淡水鱼类中的"主养种"，贡献了我国淡水鱼养殖总产量的87.25%；其余种质资源养殖规模不大，以地方特色的原种为主，如瓦氏雅罗鱼、刀鲚、鱇浪白鱼、丝尾鳠、四川裂腹鱼等，但也具有较大的开发潜力，有些是野外资源恢复的重要支撑，如黑斑原鲱、秦岭细鳞鲑、大头鲤、胭脂鱼等。丰富的淡水鱼类养殖种质资源，有力支撑了我国淡水鱼类养殖产业可持续发展。

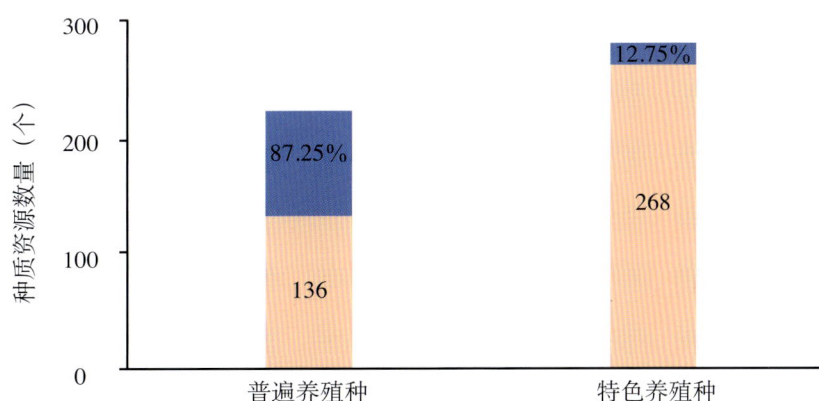

图2-1　淡水鱼类普遍养殖种与特色养殖种种质资源数量及产量情况

注：橙色部分为"普遍养殖种"和"特色养殖种"淡水鱼的数量，蓝色部分为"普遍养殖种"和"特色养殖种"淡水鱼的产量占比，相关数据来源于《2021中国渔业统计年鉴》。

1.淡水鱼类养殖种质资源物种数量丰富

淡水鱼类养殖种质资源隶属20目（图2-2）、48科、162属、314物种，其中鲤形目物种数量最多（191种），占60.83%，主要包括青鱼、草鱼、鲢、鳙、鲤、鲫、团头鲂、翘嘴鲌、鳊、泥鳅等；鲇形目有物种34种，占10.83%，主要包括长吻鮠、斑点叉尾鮰、胡子鲇、革胡子鲇、黄颡鱼等；鲈形目有物种31种，占9.87%，主要包括罗非鱼、大口黑鲈、乌鳢、斑鳢、翘嘴鳜、大眼鳜等；鲑形目有物种18种，占5.73%，主要包括乌苏里白鲑、细鳞鲑、虹鳟、褐鳟等；鲟形目有物种11种，占3.50%，主要包括西伯利亚鲟、俄罗斯鲟、小体鲟、施氏鲟、达氏鳇、欧洲鳇等；其他16个目（鳗鲡目、胡瓜鱼目、合鳃鱼目、鲉形目等）有物种29种，占9.24%，主要包括日本鳗鲡、美洲鳗鲡、双色鳗鲡、黄鳝、暗纹东方鲀、香鱼等。

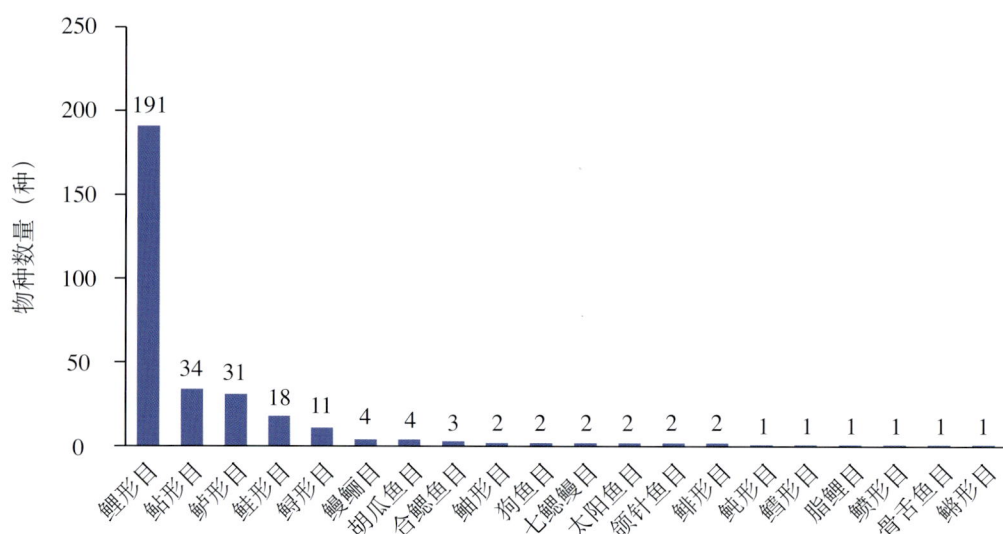

图2-2　淡水鱼类养殖种质资源物种组成（按目分）

2.品种是淡水鱼类养殖种质资源的重要组成部分

从品种角度看，截至2021年第一次全国水产养殖种质资源普查，淡水鱼类已培育品种86个，占淡水鱼类养殖种质资源总数的21.29%，主要包括15个种类。其中鲤有26个品种，是培育品种最多的种类；鲫有17个品种（包括鲫11个、银鲫4个、白鲫2个）；罗非鱼有11个品种；鲂鲌有11个品种（包括团头鲂和翘嘴鲌等）；鳜有5个品种；鲢、鲈、鳢、黄颡鱼、虹鳟各有2个品种；鮰、鲟、鲀、香鱼和金线鲃各有1个品种（图2-3）。

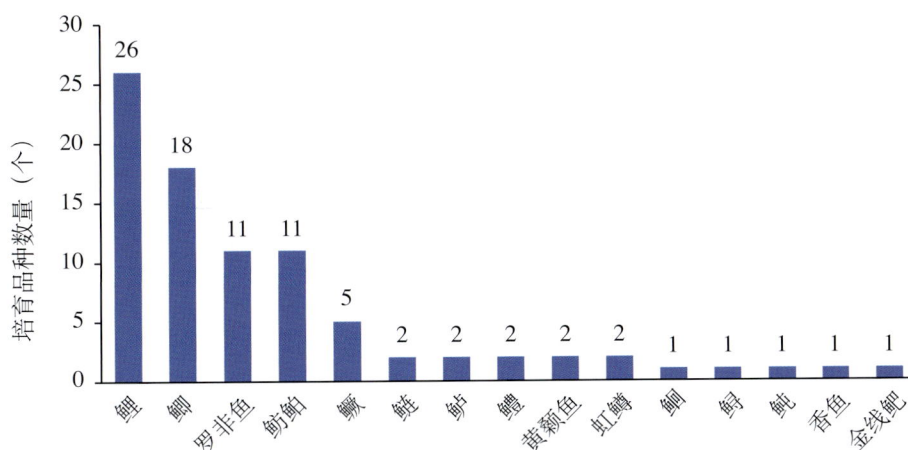

图 2-3　不同种类淡水鱼类品种培育情况

注：种类按产业体系相关分类划分。

3. 引进种是淡水鱼类养殖种质资源的重要组成部分

淡水鱼类引进种 47 个，占淡水鱼类养殖种质资源总数的 11.63%，再加上利用引进种质培育的新品种 30 个，共占淡水鱼种质资源总数的 19.06%，是淡水鱼类养殖种质资源的重要组成部分（图 2-4）。已经形成较大产业规模的种类主要有 4 个，分别为罗非鱼、大口黑鲈、斑点叉尾鮰和虹鳟。其中，罗非鱼是我国养殖产量最高的特色淡水鱼类。我国已先后引进尼罗罗非鱼、奥利亚罗非鱼、莫桑比克罗非鱼、荷那龙罗非鱼、萨罗罗非鱼、吉富品系罗非鱼、红罗非鱼 7 个种质资源，通过这些引进种，先后培育出莫荷罗非鱼"广福 1 号"等罗非鱼品种 11 个（截至 2021 年第一次全国水产养殖种质资源普查），支撑了罗非鱼养殖产业的规模化发展。截至 2021 年第一次全国水产养殖种质资源普查，大口黑鲈已培育大口黑鲈"优鲈 1 号"、大口黑鲈"优鲈 3 号"两个品种，虹鳟已培育甘

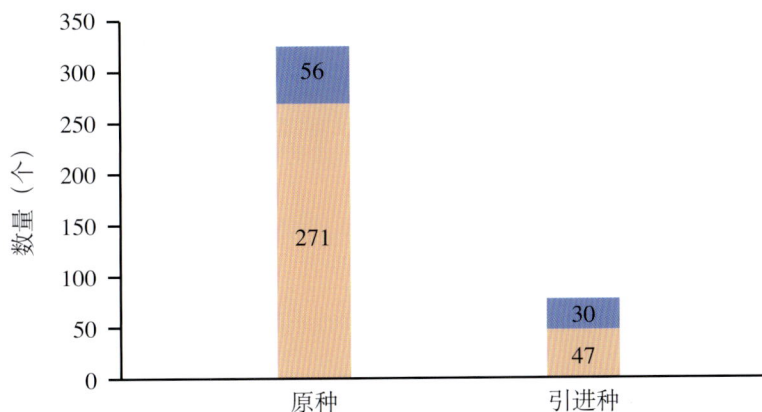

图 2-4　淡水鱼类养殖种质资源类型

注：橙色表示种质来源为原种或引进种的数量；蓝色表示以原种或引进种为基础培育的品种数量。

肃金鳟和虹鳟"水科1号"两个品种，斑点叉尾鮰已培育斑点叉尾鮰"江丰1号"一个品种。

（二）区域分布

我国地域辽阔，每一个区域都有特定的地理环境，分布着不同的水系，形成了具有不同区域特点的淡水鱼类养殖种质资源。普查到的404个淡水鱼类养殖种质资源分布在全国31个省（自治区、直辖市）的2700多个县（市、区）的70万余家水产养殖主体中。另外，淡水鱼类养殖种质资源拥有庞大的种群数量，年均保存亲本7亿尾以上，为我国淡水鱼类养殖提供了重要种源保障。

从分布情况看，淡水鱼类养殖种质资源总体呈现南方省份多于北方省份的规律，具有典型的"温度适应性和气候适应性"特点。其中云南淡水鱼类种质资源最丰富（197个），不仅具有大多数普遍养殖种，还有保山光唇鱼等溪流性鱼类和大理裂腹鱼等高原性特色鱼类。云南以"六大水系"为核心的600多条江河，以及以滇池、洱海、抚仙湖、程海、泸沽湖等九大高原湖泊为代表的众多湖泊为淡水鱼类养殖种质资源提供了栖息场所，"一山分四季，十里不同天"的气候特点和兼有的寒、温、热带的不同气候类型，为种质资源多样性创造了有利条件。四川（171个）、广东（165个）和广西（153个）位于中国的南部，江河湖泊众多，水域面积广阔，气候温暖，降水充沛，潮湿度高，适宜各种水生生物的生长发育，为水产养殖提供了得天独厚的自然条件，尤其适合温水性鱼类养殖，如露斯塔野鲮、异华鲮、唇鲮等。重庆、江西、安徽、浙江、江苏等长江流域省份的水产养殖种质资源数量也都超过120个，这与其拥有丰富的天然渔业资源和独特的地理环境条件等有关。辽宁、吉林和黑龙江等东北地区淡水鱼类养殖种质资源数量也超过了100个，东北地区河流湖泊众多，有黑龙江、松花江、乌苏里江、辽河等河流，以及兴凯湖、镜泊湖、五大连池等湖泊，孕育了北方须鳅、鸭绿江茴鱼、白斑红点鲑等地方特色种类。华北地区和西北地区的淡水鱼类养殖种质资源数量相对较少，以普遍养殖种和部分冷水性鱼类为主，如虹鳟、鲟等。青藏高原地区的淡水鱼类养殖种质资源种类最少，以裂腹鱼等高原性鱼类为主，如光唇裂腹鱼、拉萨裂腹鱼等。

从单个水产养殖种质资源分布情况（图2-5）看，分布范围≥30个省份的有9个，分别是草鱼、鲢、鳙、鲤、锦鲤、鲫、大口黑鲈、乌鳢、黄颡鱼，其中鲤和鲫在全国31个省份均有分布；分布范围20～29个省份的有48个，包括青鱼、团头鲂、翘嘴鲌、尼罗罗非鱼、翘嘴鳜、斑点叉尾鮰等；分布范围10～19个省份的有63个，包括三角鲂、鳊、大眼鳜、胡子鲇、瓦氏黄颡鱼、日本鳗鲡等；分布范围2～9个省份的有175个，包括细鳞鲑、褐鳟、暗纹东方鲀、桂花鲮、华鲮、香鱼等，这些淡水鱼类养殖种质资源的分布具有显著的地域差异，如雅罗鱼主要分布在东北和西北的省份，裂腹鱼主要分布在青藏高原和云贵高原，裸腹鲟、小体鲟、闪光鲟等则主要分布在北方省份；仅在1个省份分布的有110个，如金线鲃仅分布在云南，巨须裂腹鱼、异齿裂腹鱼、拉萨裂腹鱼等仅分布在西藏。

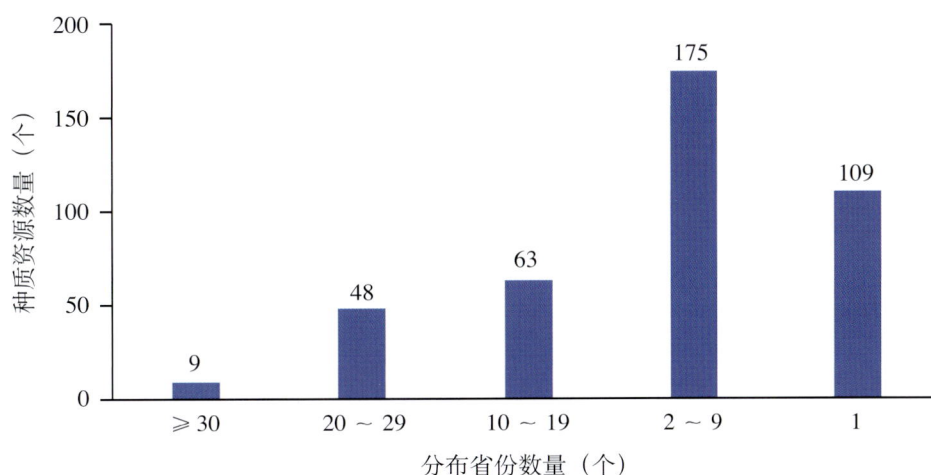

图2-5　淡水鱼类养殖种质资源数（按分布省份情况）

第二节　特征特性

2021—2023年，第一次全国水产养殖种质资源普查对31个省（自治区、直辖市）、478个调查点、127种淡水鱼类养殖种质资源进行了重点分析。重点分析的淡水鱼类养殖种质资源分属于12目、34科、82属。分析结果表明，大部分淡水鱼类可量性状比例与物种种质标准相一致，养殖群体间部分比例性状存在一定差异。如，鲢和鳙养殖群体的头部形态特征与历史数据相比有相对变大的趋势，而躯干部与尾部的特征参数则有相对变小的趋势，这些形态演变趋势可能与养殖过程中进行的人工选择有关。调查物种的核苷酸多态性均值为3.23×10^{-3}，多态信息含量均值为0.1943。鲤形目、鳗鲡目、鲟形目基因流较大，鲈形目遗传多样性最高，草鱼、鲢、鳙、鲫、青鱼等物种不同群体间存在广泛的基因交流。调查的淡水鱼粗蛋白含量平均为18.20 g/100 g，总氨基酸含量平均为14.77 g/100 g，必需氨基酸含量平均为6.36 g/100 g，必需氨基酸占总氨基酸含量的43.06%，表明淡水鱼类是优质蛋白质的重要来源。脂肪酸组成和比例是衡量鱼类营养价值的重要指标，二十碳五烯酸（EPA）和二十二碳六烯酸（DHA）含量是评判脂肪酸营养价值的重要标准，淡水鱼中EPA和DHA含量平均分别为34.18 mg/100 g和110.59 mg/100 g，总多不饱和脂肪酸含量平均为616.46 mg/100 g。

（一）形态特征

重点分析了鲤形目、鲈形目和鲇形目等淡水鱼类养殖种质资源的可量性状比例（图2-6），结果表明鲤形目全长/体长范围为1.02～1.32，全长/体长最大的为荷包红鲤；体长/体高范围为2.57～7.37，体长/体高最大的为大鳞副泥鳅；体长/头长范围为2.62～7.21，体长/头长最大的为泥鳅；此外，似刺鳊鮈的头长/吻长和体长/尾柄长均为鲤形目中最高，青海湖裸鲤的尾柄长/尾柄高为鲤形目中最高。鲈形目全长/体长范围为1.15～1.24，不同物种全长/体长差异相对较小；河川沙塘鳢体长/体高值为5.16，在鲈形目中最高；罗非鱼属体长/尾柄长范围为8.29～8.89，明显高于其他物种。鲇形目全长/体长范围为1.10～1.47，大鳍鳠全长/体长和体长/体高均为鲇形目鱼类中最大，反映了大鳍鳠体形细长侧扁的特点。

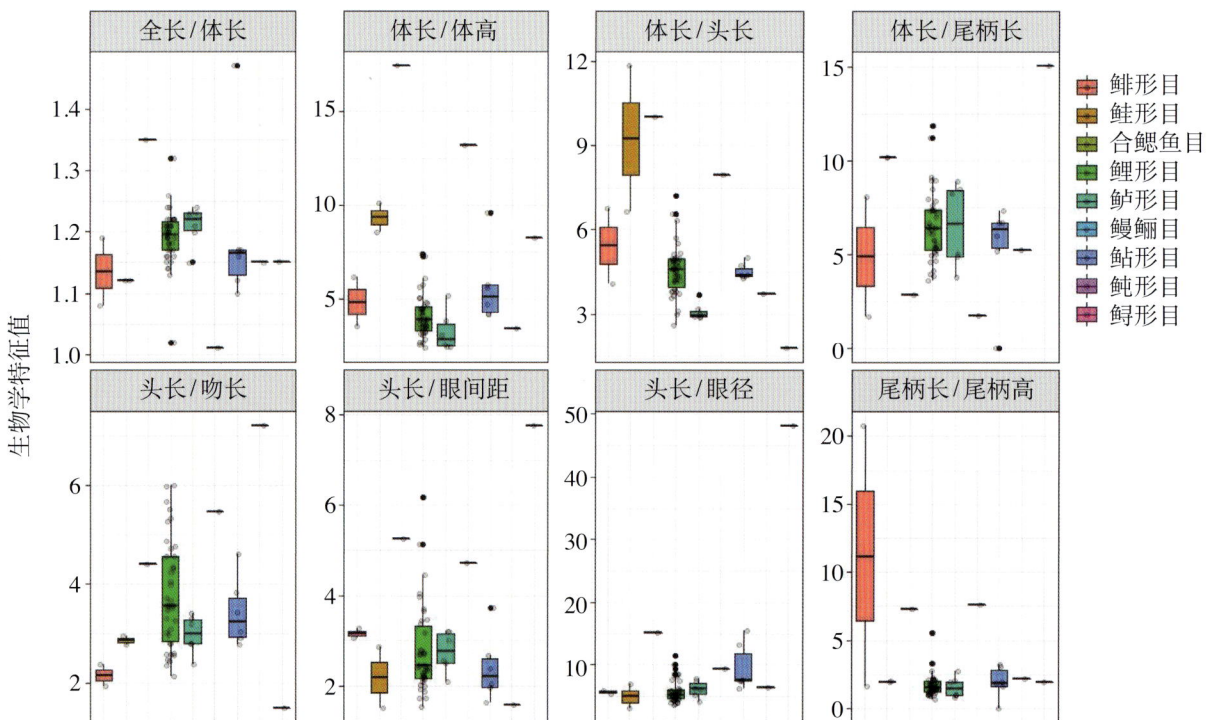

图2-6　淡水鱼类养殖种质资源可量性状比例

（二）遗传多样性

对重点分析的127种淡水鱼类，鉴定了全基因组单核苷酸多态性位点，并使用多种群体遗传学指标评估其遗传多样性水平。结果显示，127种淡水鱼类核苷酸多态性（π）[1]范围为$1.12 \times 10^{-4} \sim 9.22 \times 10^{-2}$，群体间遗传分化指数（$F_{ST}$）[2]范围为0.0003 ~ 0.6447。基于这两个重要的遗传多样性指标，数据分析表明，马口鱼、瓦氏黄颡鱼和黑尾近红鲌等具有较高的遗传多样性，说明这些水产养殖种质资源具备较高水平的遗传资源基础，预期现有种质资源可以较好地支撑进一步的遗传改良工作；相反，江鳕、太门哲罗鲑和白斑狗鱼等则显示出较低的遗传多样性，说明这些鱼类遗传资源丰富度偏低（图2-7）。

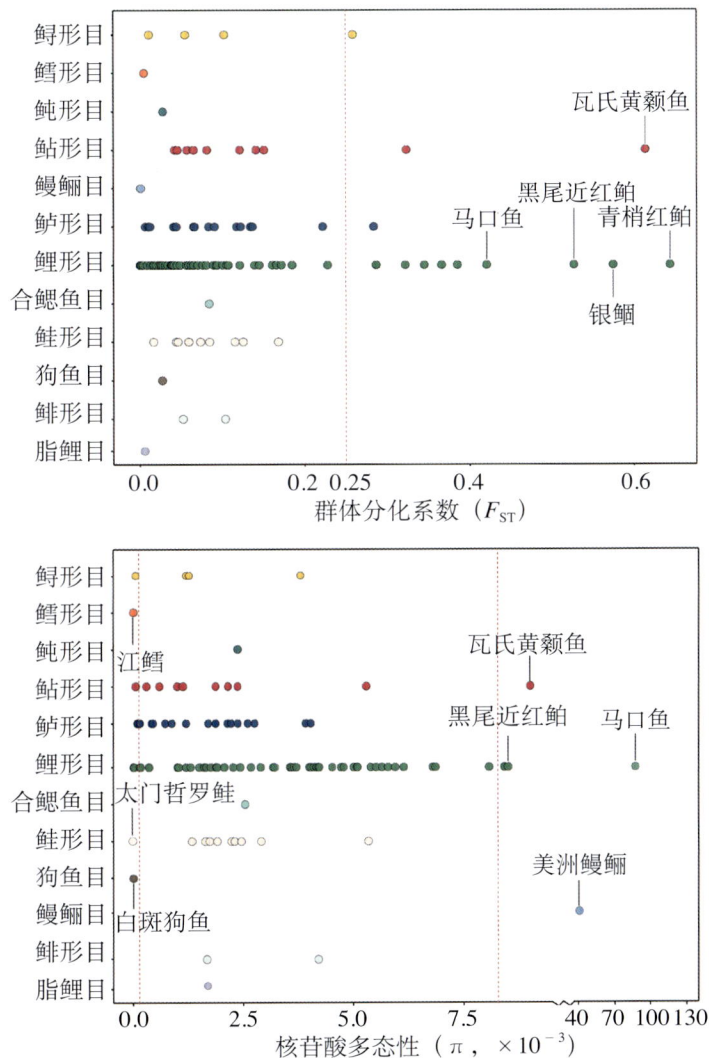

图2-7　淡水鱼类养殖种质资源遗传多样性指标

1　核苷酸多态性（π）反映了群体内不同个体DNA序列间碱基差异数量，广泛应用于表征种群的遗传多样性水平。
2　群体间遗传分化指数（F_{ST}）反映不同群体的遗传距离和遗传交流频繁程度，也能表征物种在全国范围内的多样性水平。

（三）品质特性

重点分析了淡水鱼类肌肉常规营养成分、氨基酸组成与含量、脂肪酸组成与含量等品质特性。常规营养成分分析发现调查的淡水鱼类养殖种质资源水分含量平均为74.92 g/100 g，灰分含量平均为1.16 g/100 g，粗蛋白含量平均为18.20 g/100 g，粗脂肪含量平均为4.90 g/100 g，总糖含量平均为7.24 g/100 g，大多具有高蛋白低脂肪的特点。氨基酸组成与含量分析发现所有调查的淡水鱼类均检测出17种氨基酸，包括7种必需氨基酸、2种半必需氨基酸、8种非必需氨基酸，总氨基酸含量平均为14.77 g/100 g，必需氨基酸含量平均为6.36 g/100 g，必需氨基酸占总氨基酸含量的43.06%。脂肪酸组成与含量分析表明，调查的淡水养殖鱼类脂肪酸有9～30种，其中二十碳五烯酸（EPA）和二十二碳六烯酸（DHA）含量平均分别为34.18 mg/100 g和110.59 mg/100 g。总体而言，重点分析的淡水鱼类养殖种质资源含有丰富的不饱和脂肪酸。

第三节　代表性物种资源状况

根据《2023中国渔业统计年鉴》数据，兼顾淡水鱼物种特色，选取养殖产量前十位的淡水鱼作为淡水鱼类养殖种质资源代表性物种进行详细介绍，包括青鱼、草鱼、鲢、鳙、鲤、鲫、团头鲂、罗非鱼、大口黑鲈和黄颡鱼。

（一）青鱼资源状况

1.数量和分布

（1）物种概况

隶属于动物界（Animalia）、脊索动物门（Chordata）、硬骨鱼纲（Osteichthyes）、鲤形目（Cypriniformes）、鲤科（Cyprinidae）、青鱼属（*Mylopharyngodon*），是我国重要的淡水养殖鱼类，截至2021年第一次全国水产养殖种质资源普查时无培育品种。

（2）区域分布

亲本及繁育主体方面： 全国共保存青鱼亲本483万尾以上，年生产体长为3.3 cm的苗种100亿尾以上，共普查到繁育主体376个，主要分布于安徽、湖北、湖南等22个省（自治区、直辖市）的114个地市，其中湖南、湖北、江苏等省份主体数量相对较多。**养殖分布方面：** 北京、天津、河北、山西、内蒙古、辽宁、吉林、黑龙江、上海、江苏、浙江、安徽、福建、江西、山东、河南、湖北、湖南、广东、广西、海南、重庆、四川、贵州、云南、陕西、甘肃、新疆等全国大多数省份有养殖分布。

2.特征特性

2021—2023年，第一次全国水产养殖种质资源普查对湖北、湖南、河北、江西、江苏和浙江的9个调查点的270个青鱼样本进行了重点分析。样本的生物学特征分析结果显示青鱼可量性状比值与国家标准基本一致。遗传多样性分析表明，青鱼群体的核苷酸多态性（π）为$1.64 \times 10^{-4} \sim 1.84 \times 10^{-4}$，群体间遗传分化指数（$F_{ST}$）为$0.014 \sim 0.162$，不同群体之间存在低等或中等程度遗传分化。

重点分析了青鱼肌肉常规营养成分、氨基酸组成与含量、脂肪酸组成与含量等品质特性。常规营养成分分析发现青鱼肌肉水分含量平均为78.95 g/100 g，灰分含量平均为1.20 g/100 g，粗蛋白含量平均为17.67 g/100 g，粗脂肪含量平均为1.42 g/100 g，总糖含量平均为0.28 g/100 g，具有高蛋白低脂肪的特点。青鱼肌肉中检测出17种氨基酸，包括7种必需氨基酸、2种半必需氨基酸、8种非必需氨基酸。总氨基酸含量平均为15.67 g/100 g，必需氨基酸含量平均为6.31 g/100 g，必需氨基酸含量占总氨基酸的40.27%。青鱼肌肉中检出脂肪酸20种，其中二十碳五烯酸（EPA）和二十二碳六烯酸（DHA）含量平均分别为11.87 mg/100 g和63.22 mg/100 g。

（二）草鱼资源状况

1.数量和分布

（1）物种概况

隶属于动物界（Animalia）、脊索动物门（Chordata）、硬骨鱼纲（Osteichthyes）、鲤形目（Cypriniformes）、鲤科（Cyprinidae）、草鱼属（*Ctenopharyngodon*），是我国养殖产量最大的鱼类，截至2021年第一次全国水产养殖种质资源普查时无培育品种。

（2）区域分布

亲本及繁育主体方面：全国共保存草鱼亲本0.2亿尾以上，共普查到繁育主体971个，主要分布于湖南、江西、湖北等26个省（自治区、直辖市）的189个地市。**养殖分布方面**：在北京、天津、河北、山西、内蒙古、辽宁、吉林、黑龙江、上海、江苏、浙江、安徽、福建、江西、山东、河南、湖北、湖南、广东、广西、海南、重庆、四川、贵州、云南、西藏、陕西、甘肃、宁夏、新疆等全国大多数省份有养殖分布。

2.特征特性

2021—2023年，第一次全国水产养殖种质资源普查对湖北、湖南、江西、江苏、浙江、陕西、河北和广东的11个调查点的330个草鱼样本进行了重点分析。结果显示，这11个草鱼群体的形态性状呈现出不同程度的差异，表明草鱼群体间表型特征具有丰富变异。特别是头长/眼径、头长/眼间距和体长/体高等比例性状，在不同草鱼群体间表现出较大差异。遗传多样性分析结果表明，草鱼核苷酸多态性（π）范围为$1.80 \times 10^{-3} \sim 2.00 \times 10^{-3}$，群体间遗传分化指数（$F_{ST}$）范围为$0.011 \sim 0.083$，表明草鱼群体遗传多样性水平较低。

重点分析了草鱼肌肉常规营养成分、氨基酸组成与含量、脂肪酸组成与含量等品质特性。常规营养成分分析发现草鱼水分含量平均为80.06 g/100 g，灰分含量平均为1.19 g/100 g，粗蛋白含量平均为17.53 g/100 g，粗脂肪含量平均为1.16 g/100 g，总糖含量平均为0.37 g/100 g，具有高蛋白低脂肪的特点。草鱼肌肉中检测出17种氨基酸，包括7种必需氨基酸、2种半必需氨基酸、8种非必需氨基酸。总氨基酸含量平均为15.06 g/100 g，必需氨基酸含量平均为6.17 g/100 g，必需氨基酸含量占总氨基酸的40.97%。草鱼肌肉中检出脂肪酸22种，其中二十碳五烯酸（EPA）和二十二碳六烯酸（DHA）含量平均分别为12.50 mg/100 g和54.80 mg/100 g。

（三）鲢资源状况

1.数量和分布

（1）物种概况

隶属于动物界（Animalia）、脊索动物门（Chordata）、硬骨鱼纲（Osteichthyes）、鲤形目（Cypriniformes）、鲤科（Cyprinidae）、鲢属（*Hypophthalmichthys*），是我国重要的淡水养殖鱼类，截至2021年第一次全国水产养殖种质资源普查时有长丰鲢、津鲢2个培育品种。

（2）区域分布

亲本及繁育主体方面：全国共保存鲢亲本242万尾以上，共普查到繁育主体848个，主要分布于湖南、广东、湖北等27个省（自治区、直辖市）的180个地市。**养殖分布方面：**在北京、天津、河北、山西、内蒙古、辽宁、吉林、黑龙江、上海、江苏、浙江、安徽、福建、江西、山东、河南、湖北、湖南、广东、广西、海南、重庆、四川、贵州、云南、陕西、甘肃、宁夏、新疆等全国大多数省份有养殖分布。

2.特征特性

2021—2023年，第一次全国水产养殖种质资源普查对湖北、湖南、陕西、内蒙古、河北、江西、江苏、浙江、四川、天津、重庆的16个调查点的480个鲢样本进行了重点分析。结果显示，长江水系鲢的头及头部特征呈现出相对变大的趋势，这些形态演变趋势与人们喜食鱼头、养殖者追求高经济效益的期望相吻合。遗传多样性分析结果显示，鲢不同群体核苷酸多态性（π）范围为 $2.69 \times 10^{-3} \sim 4.18 \times 10^{-3}$，群体间遗传分化指数（$F_{ST}$）范围为 $0.004 \sim 0.099$，表明鲢群体遗传多样性水平偏低。

重点分析了鲢肌肉常规营养成分、氨基酸组成与含量、脂肪酸组成与含量等品质特性。常规营养成分分析发现鲢肌肉水分含量平均为79.08 g/100 g，灰分含量平均为1.47 g/100 g，粗蛋白含量平均为17.27 g/100 g，粗脂肪含量平均为1.12 g/100 g，总糖含量平均为0.33 g/100 g，具有高蛋白低脂肪的特点。鲢肌肉中检测出17种氨基酸，包括7种必需氨基酸、2种半必需氨基酸、8种非必需氨基酸。总氨基酸含量平均为15.82 g/100 g，必需氨基酸含量平均为6.41 g/100 g，必需氨基酸含量占总氨基酸的40.52%。鲢肌肉中检出脂肪酸20种，其中二十碳五烯酸（EPA）和二十二碳六烯酸（DHA）含量平均分别为60.61 mg/100 g和94.80 mg/100 g。

（四）鳙资源状况

1.数量和分布

（1）物种概况

隶属于动物界（Animalia）、脊索动物门（Chordata）、硬骨鱼纲（Osteichthyes）、鲤形目（Cypriniformes）、鲤科（Cyprinidae）、鲢属（*Hypophthalmichthys*），是我国重要的淡水养殖鱼类，截至2021年第一次全国水产养殖种质资源普查时无培育品种。

（2）区域分布

亲本及繁育主体方面：全国共保存鳙亲本411万尾以上，共普查到繁育主体802个，主要分布于湖南、湖北、江西等26个省（自治区、直辖市）的178个地市。**养殖分布方面：**北京、天津、河北、山西、内蒙古、辽宁、吉林、黑龙江、上海、江苏、浙江、安徽、福建、江西、山东、河南、湖北、湖南、广东、广西、海南、重庆、四川、贵州、云南、陕西、甘肃、宁夏、新疆等全国大多数省份有养殖分布。

2.特征特性

2021—2023年，第一次全国水产养殖种质资源普查对湖北、湖南、江苏、江西、河北、浙江、四川和陕西的13个调查点的390个鳙样本进行了重点分析。结果显示，不同地区间的鳙生物学特征存在一定差异。在遗传多样性方面，鳙核苷酸多态性（π）范围为 $1.35 \times 10^{-3} \sim 1.65 \times 10^{-3}$，群体间遗传分化指数（$F_{ST}$）范围为 $0.005 \sim 0.079$，表明多数养殖场群体间没有明显遗传分化，但也有个别群体遗传多样性较低，与其他群体存在一定程度的遗传分化。

重点分析了鳙肌肉常规营养成分、氨基酸组成与含量、脂肪酸组成与含量等品质特性。常规营养成分分析发现鳙肌肉水分含量平均为81.14 g/100 g，灰分含量平均为1.22 g/100 g，粗蛋白含量平均为16.87 g/100 g，粗脂肪含量平均为0.78 g/100 g，总糖含量平均为0.55 g/100 g，具有高蛋白低脂肪的特点。鳙肌肉中检测出17种氨基酸，包括7种必需氨基酸、2种半必需氨基酸、8种非必需氨基酸。总氨基酸含量平均为14.08 g/100 g，必需氨基酸含量平均为5.66 g/100 g，必需氨基酸含量占总氨基酸的40.20％。鳙肌肉中检出脂肪酸20种，其中二十碳五烯酸（EPA）和二十二碳六烯酸（DHA）含量平均分别为48.52 mg/100 g和90.53 mg/100 g。

（五）鲤资源状况

1.数量和分布

（1）物种概况

隶属于动物界（Animalia）、脊索动物门（Chordata）、硬骨鱼纲（Osteichthyes）、鲤形目（Cypriniformes）、鲤科（Cyprinidae）、鲤属（*Cyprinus*），是我国重要的淡水鱼类，也是培育品种最多的种类，截至2021年第一次全国水产养殖种质资源普查时已培育颖鲤、三杂交鲤、芙蓉鲤、兴国红鲤、荷包红鲤、建鲤、荷包红鲤抗寒品系、德国镜鲤选育系、松浦鲤、万安玻璃红鲤、湘云鲤、松荷鲤、墨龙鲤、豫选黄河鲤、津新鲤、松浦镜鲤、福瑞鲤、松浦红镜鲤、瓯江彩鲤"龙申1号"、津新鲤2号、易捕鲤、福瑞鲤2号、津新红镜鲤、禾花鲤"乳源1号"、建鲤2号等品种。

（2）区域分布

亲本及繁育主体方面：全国共保存鲤亲本0.8亿尾以上，共普查到繁育主体1236个，主要分布于辽宁、广西、贵州等30个省（自治区、直辖市）的202个地市。**养殖分布方面：**北京、天津、河北、山西、内蒙古、辽宁、吉林、黑龙江、上海、江苏、浙江、安徽、福建、江西、山东、河南、湖北、湖南、广东、广西、海南、重庆、四川、贵州、云南、西藏、陕西、甘肃、青海、宁夏、新疆等全国所有省份都有养殖分布。

2.特征特性

2021—2023年，第一次全国水产养殖种质资源普查对北京、天津、黑龙江、广东、广西、河南、江西、辽宁、山东、山西、新疆、浙江和福建的36个调查点的1080个鲤样本进行了重点分析。这些样本涵盖豫选黄河鲤、乌克兰鳞鲤、兴国红鲤、荷包红鲤、万安玻璃红鲤、瓯江彩鲤、松浦镜鲤、德国镜鲤等11种鲤。形态特征分析显示，荷包红鲤的全长/体长、头长/吻长、头长/眼径等指标均为11种鲤中最大，而其尾柄长/尾柄高则是最小，玻璃红鲤的体长/头长最大、头长/眼间距最小。这些形态上的差异表明，不同的鲤已经出现了一定的形态分化，根据形态信息数据可以有效开展鲤种质鉴定。遗传多样性分析结果显示，鲤核苷酸多态性（π）范围为 $3.65 \times 10^{-3} \sim 6.14 \times 10^{-3}$，群体间遗传分化指数（$F_{ST}$）范围为 $0.001 \sim 0.089$。鲤总体遗传多样性偏低，荷包红鲤不同群体间遗传分化程度较大。

重点分析了11种鲤肌肉常规营养成分、氨基酸组成与含量、脂肪酸组成与含量等品质特性。常规营养成分分析发现鲤水分含量平均为77.66 g/100 g，灰分含量平均为1.18 g/100 g，粗蛋白含量平均为17.91 g/100 g，粗脂肪含量平均为2.06 g/100 g，总糖含量平均为0.30 g/100 g，具有高蛋白低脂肪的特点。鲤肌肉中检测出17种氨基酸，包括7种必需氨基酸、2种半必需氨基酸、8种非必需氨基酸。总氨基酸含量平均为14.78 g/100 g，必需氨基酸含量平均为5.89 g/100 g，必需氨基酸含量占总氨基酸的39.85%。鲤肌肉中检出脂肪酸20种，其中二十碳五烯酸（EPA）和二十二碳六烯酸（DHA）含量平均分别为8.55 mg/100 g和38.86 mg/100 g。

（六）鲫资源状况

1.数量和分布

（1）物种概况

隶属于动物界（Animalia）、脊索动物门（Chordata）、硬骨鱼纲（Osteichthyes）、鲤形目（Cypriniformes）、鲤科（Cyprinidae）、鲫属（*Carassius*），是我国重要的淡水养殖鱼类，培育品种数量仅次于鲤，截至2021年第一次全国水产养殖种质资源普查时已培育彭泽鲫、松浦银鲫、异育银鲫、湘云鲫、红白长尾鲫、蓝花长尾鲫、杂交黄金鲫、萍乡红鲫、异育银鲫"中科3号"、湘云鲫2号、芙蓉鲤鲫、津新乌鲫、长丰鲫、白金丰产鲫、赣昌鲤鲫、合方鲫、异育银鲫"中科5号"等品种。

（2）区域分布

亲本及繁育主体方面：全国共保存银鲫亲本771万尾以上，共普查到繁育主体449个，主要分布于黑龙江、北京、广东等27个省（自治区、直辖市）的107个地市。**养殖分布方面**：北京、天津、河北、山西、内蒙古、辽宁、吉林、黑龙江、上海、江苏、浙江、安徽、福建、江西、山东、河南、湖北、湖南、广东、广西、海南、重庆、四川、贵州、云南、西藏、陕西、甘肃、青海、宁夏、新疆等全国所有省份都有养殖分布。

2.特征特性

2021—2023年，第一次全国水产养殖种质资源普查对湖北省6个调查点的180个鲫样本进行了重点分析。形态学分析显示，鲫样本可量性状比例与鲫国家标准基本一致。遗传多样性分析显示，鲫核苷酸多态性（π）范围为 $4.30 \times 10^{-3} \sim 6.10 \times 10^{-3}$，群体间遗传分化指数（$F_{ST}$）范围为 $0.0053 \sim 0.3341$。表明鲫群体遗传多样性偏低。

重点分析了鲫肌肉常规营养成分、氨基酸组成与含量、脂肪酸组成与含量等品质特性。常规营养成分分析发现鲫肌肉水分含量平均为75.64 g/100 g，灰分含量平均为1.16 g/100 g，粗蛋白含量平均为18.44 g/100 g，粗脂肪含量平均为3.46 g/100 g，总糖含量平均为0.43 g/100 g，具有高蛋白低脂肪的特点。鲫肌肉中检测出17种氨基酸，包括7种必需氨基酸、2种半必需氨基酸、8种非必需氨基酸。总氨基酸含量平均为14.29 g/100 g，必需氨基酸含量平均为5.82 g/100 g，必需氨基酸含量占总氨基酸的40.73%。鲫肌肉中检出脂肪酸20种，其中二十碳五烯酸（EPA）和二十二碳六烯酸（DHA）含量平均分别为11.60 mg/100 g和39.56 mg/100 g。

（七）团头鲂资源状况

1.数量和分布

（1）物种概况

隶属于动物界（Animalia）、脊索动物门（Chordata）、硬骨鱼纲（Osteichthyes）、鲤形目（Cypriniformes）、鲤科（Cyprinidae）、鲂属（*Megalobrama*），是我国重要的淡水养殖鱼类，截至2021年第一次全国水产养殖种质资源普查时已培育团头鲂"浦江1号"、团头鲂"华海1号"、团头鲂"浦江2号"、鳊鲴杂交鱼、芦台鲂鲌、鲌鲂"先锋2号"、杂交翘嘴鲂、杂交鲂鲌"皖江1号"等品种。

（2）区域分布

亲本及繁育主体方面：全国共保存团头鲂亲本6万尾以上，共普查到繁育主体255个，主要分布于广东、湖北、安徽等21个省（自治区、直辖市）的85个地市，其中湖北、广东、湖南等省份主体数量相对较多。**养殖分布方面**：北京、天津、河北、山西、内蒙古、辽宁、吉林、黑龙江、上海、江苏、浙江、安徽、福建、江西、山东、河南、湖北、湖南、广东、广西、重庆、四川、贵州、云南、陕西、甘肃、宁夏、新疆等全国大多数省份有养殖分布。

2.特征特性

2021—2023年，第一次全国水产养殖种质资源普查对山西、江苏、湖北、辽宁和上海的7个调查点的210个团头鲂样本进行了重点分析。样本的生物学特征分析表明，根据形态信息数据可以有效开展团头鲂种质鉴定。遗传多样性分析显示，团头鲂核苷酸多态性（π）范围为$1.49 \times 10^{-3} \sim 1.92 \times 10^{-3}$，群体间遗传分化指数（$F_{ST}$）范围为0.012 ～ 0.091。团头鲂整体遗传多样性处于较低水平，群体间遗传分化程度相对较低，但原种和培育种间的遗传结构清晰，原种保存相对较好，培育种在不同养殖场之间遗传分化程度较小。

重点分析了团头鲂肌肉常规营养成分、氨基酸组成与含量、脂肪酸组成与含量等品质特性。常规营养成分分析发现团头鲂肌肉水分含量平均为76.09 g/100 g，灰分含量平均为1.34 g/100 g，粗蛋白含量平均为20.45 g/100 g，粗脂肪含量平均为0.86 g/100 g，总糖含量平均为0.24 g/100 g，具有高蛋白低脂肪的特点。团头鲂肌肉中检测出17种氨基酸，包括7种必需氨基酸、2种半必需氨基酸、8种非必需氨基酸。总氨基酸含量平均为16.89 g/100 g，必需氨基酸含量平均为5.70 g/100 g，必需氨基酸含量占总氨基酸的33.75%。团头鲂肌肉中检出脂肪酸11种，其中二十碳五烯酸（EPA）和二十二碳六烯酸（DHA）含量平均分别为5.64 mg/100 g和44.01 mg/100 g。

（八）罗非鱼资源状况

1.数量和分布

（1）物种概况

隶属于动物界（Animalia）、脊索动物门（Chordata）、硬骨鱼纲（Osteichthyes）、鲈形目（Perciformes）、丽鱼科（Cichlidae）、罗非鱼属（*Oreochromis*），是我国重要的淡水养殖鱼类，截至2021年第一次全国水产养殖种质资源普查时已培育"新吉富"罗非鱼、吉富罗非鱼"中威1号"、罗非鱼"壮罗1号"、尼罗罗非鱼"鹭雄1号"、奥尼鱼、吉奥罗非鱼、福寿鱼、罗非鱼"粤闽1号"、"吉丽"罗非鱼、"夏奥1号"奥利亚罗非鱼、莫荷罗非鱼"广福1号"等品种。

（2）区域分布

亲本及繁育主体方面：全国共保存罗非鱼亲本222万尾以上，共普查到63个繁育主体，主要分布于广东、海南、云南等17个省（自治区、直辖市）。**养殖分布方面：**北京、天津、河北、山西、内蒙古、辽宁、吉林、上海、江苏、浙江、安徽、福建、江西、山东、河南、湖北、湖南、广东、广西、海南、重庆、四川、贵州、云南、陕西、甘肃、新疆等全国大多数省份有养殖分布。

2.特征特性

2021—2023年，第一次全国水产养殖种质资源普查对江苏、广东、山东、河北和广西的16个调查点的480个罗非鱼样本进行了重点分析。调查对象涵盖尼罗罗非鱼、尼罗罗非鱼吉富品系、红罗非鱼和奥利亚罗非鱼等4个罗非鱼品种（系）。生物学特征分析结果表明，形态信息数据可以为有效开展罗非鱼种质鉴定提供支持。遗传多样性分析结果显示，罗非鱼核苷酸多态性（π）范围为$2.22 \times 10^{-3} \sim 3.92 \times 10^{-3}$，群体间遗传分化指数（$F_{ST}$）范围为$0.090 \sim 0.134$，表明罗非鱼群体遗传多样性相对较低，群体间具有中等程度的遗传分化。

重点分析了上述4种罗非鱼的肌肉常规营养成分、氨基酸组成与含量、脂肪酸组成与含量等品质特性。常规营养成分分析发现罗非鱼肌肉水分含量平均为77.41 g/100 g，灰分含量平均为1.48 g/100 g，粗蛋白含量平均为18.53 g/100 g，粗脂肪含量平均为1.63 g/100 g，总糖含量平均为0.39 g/100 g，具有高蛋白低脂肪的特点。罗非鱼肌肉中检测出17种氨基酸，包括7种必需氨基酸、2种半必需氨基酸、8种非必需氨基酸。总氨基酸含量平均为14.29 g/100 g，必需氨基酸含量平均为5.82 g/100 g，必需氨基酸含量占总氨基酸的40.73%。罗非鱼肌肉中检出脂肪酸20种，其中二十碳五烯酸（EPA）和二十二碳六烯酸（DHA）含量平均分别为6.03 mg/100 g和39.56 mg/100 g。

（九）大口黑鲈资源状况

1.数量和分布

（1）物种概况

隶属于动物界（Animalia）、脊索动物门（Chordata）、硬骨鱼纲（Osteichthyes）、鲈形目（Perciformes）、棘臀鱼科（Centrarchidae）、黑鲈属（*Micropterus*），是我国重要的淡水养殖鱼类，截至2021年第一次全国水产养殖种质资源普查时已培育大口黑鲈"优鲈1号"和大口黑鲈"优鲈3号"品种。

（2）区域分布

亲本及繁育主体方面：全国共保存大口黑鲈亲本0.7亿尾以上，共普查到繁育主体378个，主要分布于广东、浙江等25个省（自治区、直辖市）的122个地市。**养殖分布方面**：北京、天津、河北、山西、内蒙古、辽宁、吉林、上海、江苏、浙江、安徽、福建、江西、山东、河南、湖北、湖南、广东、广西、海南、重庆、四川、贵州、云南、陕西、甘肃、青海、宁夏、新疆等全国大多数省份有养殖分布。

2. 特征特性

2021—2023年，第一次全国水产养殖种质资源普查对广东和安徽的6个调查点的180个大口黑鲈样本进行了重点分析。形态性状分析显示，大部分群体全长/体长、体长/体高无显著差异。遗传多样性分析结果表明，大口黑鲈核苷酸多态性（π）范围为$2.60 \times 10^{-4} \sim 8.70 \times 10^{-3}$，群体间遗传分化指数（$F_{ST}$）范围为 0.030 ~ 0.130，揭示大口黑鲈群体遗传多样性处于中低水平。

重点分析了大口黑鲈肌肉常规营养成分、氨基酸组成与含量、脂肪酸组成与含量等品质特性。常规营养成分分析发现大口黑鲈肌肉水分含量平均为76.94 g/100 g，灰分含量平均为1.39 g/100 g，粗蛋白含量平均为19.66 g/100 g，粗脂肪含量平均为1.12 g/100 g，总糖含量平均为0.57 g/100 g，具有高蛋白低脂肪的特点。大口黑鲈肌肉中检测出17种氨基酸，包括7种必需氨基酸、2种半必需氨基酸、8种非必需氨基酸。总氨基酸含量平均为18.31 g/100 g，必需氨基酸含量平均为7.45 g/100 g，必需氨基酸含量占总氨基酸的40.69%。大口黑鲈肌肉中检出脂肪酸20种，其中二十碳五烯酸（EPA）和二十二碳六烯酸（DHA）含量平均分别为28.33 mg/100 g和175.00 mg/100 g。

（十）黄颡鱼资源状况

1. 数量和分布

（1）物种概况

隶属于动物界（Animalia）、脊索动物门（Chordata）、硬骨鱼纲（Osteichthyes）、鲇形目（Siluriformes）、鲿科（Bagridae）、黄颡鱼属（*Pelteobagrus*），是我国重要的淡水养殖鱼类，截至2021年第一次全国水产养殖种质资源普查时已培育黄颡鱼"全雄1号"、杂交黄颡鱼"黄优1号"品种。

（2）区域分布

亲本及繁育主体方面：全国共保存黄颡鱼亲本0.5亿尾以上，共普查到繁育主体381个，主要分布于四川、浙江等19个省（自治区、直辖市）的55个地市。**养殖分布方面：**北京、天津、河北、山西、内蒙古、辽宁、吉林、黑龙江、上海、江苏、浙江、安徽、福建、江西、山东、河南、湖北、湖南、广东、广西、海南、重庆、四川、贵州、云南、陕西、甘肃、宁夏、新疆等全国大多数省份有养殖分布。

2. 特征特性

2021—2023年，第一次全国水产养殖种质资源普查对湖北和四川的6个调查点的180个黄颡鱼样本进行了重点分析。样本的生物学特征分析显示，黄颡鱼样本可量性状比值与行业标准结果基本一致。遗传多样性分析结果显示，黄颡鱼核苷酸多态性（π）范围为 $1.61 \times 10^{-3} \sim 3.15 \times 10^{-3}$，群体间遗传分化指数（$F_{ST}$）范围为 0.012 ~ 0.305，揭示黄颡鱼群体遗传多样性相对较低，群体间遗传分化程度跨度较大，部分原种场和养殖场群体的遗传结构清晰，原种保存相对较好。

重点分析了肌肉常规营养成分、氨基酸组成与含量、脂肪酸组成与含量等品质特性。常规营养成分分析发现黄颡鱼肌肉水分含量平均为 76.42 g/100 g，灰分含量平均为 1.08 g/100 g，粗蛋白含量平均为 15.66 g/100 g，粗脂肪含量平均为 6.44 g/100 g，总糖含量平均为 0.26 g/100 g。黄颡鱼肌肉中检测出 17 种氨基酸，包括 7 种必需氨基酸、2 种半必需氨基酸、8 种非必需氨基酸。总氨基酸含量平均为 13.39 g/100 g，必需氨基酸含量平均为 5.34 g/100 g，必需氨基酸含量占总氨基酸的 39.88%。黄颡鱼肌肉中检出脂肪酸 20 种，其中二十碳五烯酸（EPA）和二十二碳六烯酸（DHA）含量平均分别为 36.99 mg/100 g 和 258.83 mg/100 g。

>>> 第三章
中国海水鱼类养殖种质资源状况

我国海岸线漫长，从热带、亚热带到温带横跨多个纬度，孕育了丰富的海水鱼类种质资源。驯养海水鱼类的记载最早出现在明朝的文献中；新中国成立后，大黄鱼、大菱鲆等鱼类养殖技术的突破，推动了我国以海水鱼类为代表的第四次海水养殖产业化浪潮的兴起，海水鱼类养殖种质资源不断丰富。

第一节　数量和分布

（一）种类数量

普查显示我国海水鱼类养殖种质资源124个（图3-1），包括原种105个、品种14个、引进种5个，占我国全部水产养殖种质资源的14.47%。在这些种质资源中，养殖产业规模较大、养殖较普遍的种质资源64个，如大黄鱼、卵形鲳鲹、石斑鱼（鞍带石斑鱼、斜带石斑鱼、豹纹鳃棘鲈等）、花鲈、牙鲆等，占海水鱼类养殖种质资源总数的51.61%，是当前海水鱼类中的"主养种"，贡献了我国海水鱼养殖总产量的87.85%；其余种质资源养殖规模不大，以地方特色种为主，如珍鲹、条纹锯鮨、虱目鱼、星康吉鳗、三线舌鳎等，具有较大的开发潜力，有些还是资源恢复的重要支撑，如黄唇鱼等。这些海水鱼类养殖种质资源有力支撑了我国海水鱼类养殖产业的可持续发展。

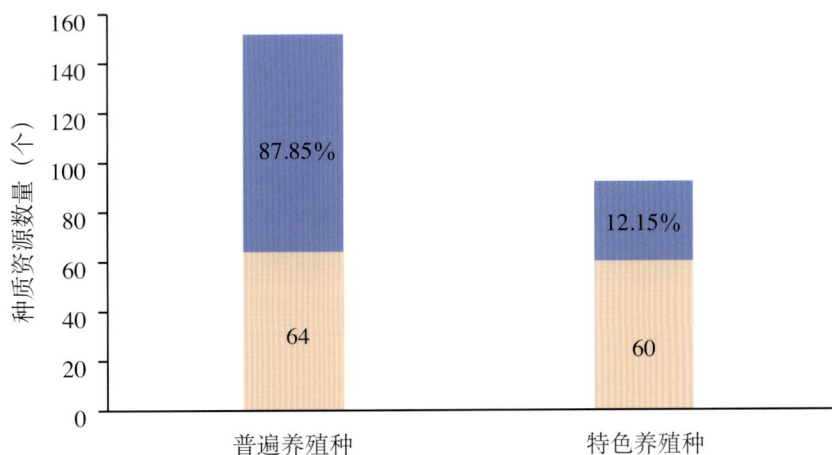

图3-1　海水鱼类普遍养殖种与特色养殖种种质资源数量及产量情况

注：橙色部分为"普遍养殖种"和"特色养殖种"海水鱼的数量，蓝色部分为"普遍养殖种"和"特色养殖种"海水鱼的产量占比，相关数据来源于《2021中国渔业统计年鉴》。

1.海水鱼类物种数量丰富

海水鱼类养殖种质资源隶属10目、39科、68属、110物种（图3-2），其中鲈形目物种数量最多（78种），占70.91%，主要包括大黄鱼、卵形鲳鲹、鞍带石斑鱼、花鲈、真鲷、军曹鱼等；鲽形目有物种9种，占8.18%，包括牙鲆、大菱鲆、半滑舌鳎、三线舌鳎、石鲽、星斑川鲽、黄盖鲽、条斑星鲽、圆斑星鲽等；鲀形目有物种8种，占7.27%，包括红鳍东方鲀、黄鳍东方鲀、双斑东方鲀、菊黄东方鲀、绿鳍马面鲀、六斑刺鲀、星点东方鲀、弓斑东方鲀等；其他7个目（鲉形目、鲱形目等）有物种15种，占13.64%，主要包括管海马、日本海马等。

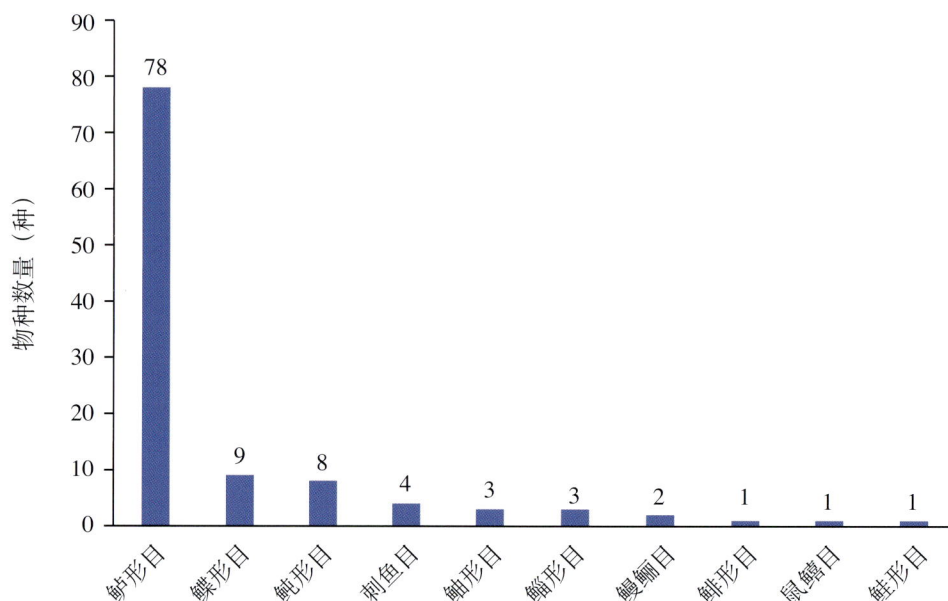

图3-2　海水鱼类养殖种质资源物种组成（按目分）

2.品种是海水鱼类养殖种质资源的重要组成部分

从品种角度看，截至2021年第一次全国水产养殖种质资源普查，海水鱼类已培育品种14个（图3-3），占海水鱼类养殖种质资源总数的11.29%，由6个物种培育而来，其中牙鲆4个品种，是海水鱼类中培育品种最多的种质资源，包括牙鲆"鲆优1号"、牙鲆"北鲆1号"、北鲆2号、牙鲆"鲆优2号"；大黄鱼3个品种，包括大黄鱼"闽优1号"、大黄鱼"东海1号"、大黄鱼"甬岱1号"；石斑鱼3个品种，均为杂交种，包括云龙石斑鱼、虎龙杂交斑等；大菱鲆2个品种，包括大菱鲆"丹法鲆"和大菱鲆"多宝1号"；半滑舌鳎和黄姑鱼各有1个品种，分别为半滑舌鳎"鳎优1号"和黄姑鱼"金鳞1号"。

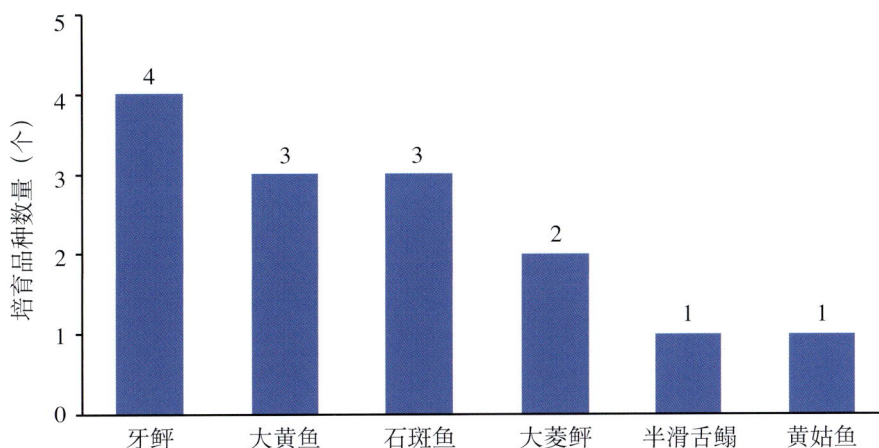

图3-3　不同种类海水鱼类品种培育情况

3.引进种是海水鱼类养殖种质资源的重要组成部分

海水鱼类引进种5个，占海水鱼类养殖种质资源总数的4.03%，再加上利用引进种质培育的新品种2个，共占海水鱼类养殖种质资源总数的5.65%，是海水鱼类种质资源的重要组成部分（图3-4）。部分引进种已经形成较大产业规模，其中大菱鲆在辽宁、山东、河北、天津、江苏、福建、浙江等地均有养殖。

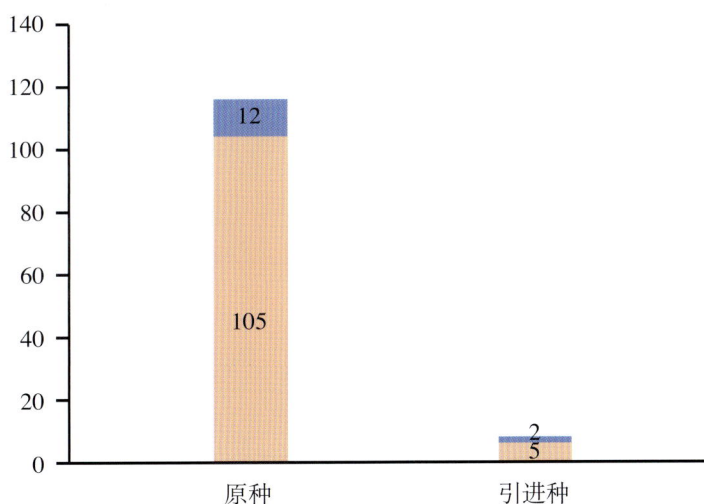

图3-4　海水鱼类养殖种质资源类型

注：橙色表示种质来源为原种或引进种的数量；蓝色表示以原种或引进种为基础培育的品种数量。

（二）区域分布

普查到的124个海水鱼类养殖种质资源分布在全国各沿海省份的285个县（市、区）的1.7万余家水产养殖主体中。另外，海水鱼类养殖种质资源拥有庞大的种群数量，年均保存亲本430万尾以上，为我国海水鱼类养殖提供了重要种源保障。

从分布情况看，海水鱼类养殖种质资源主要分布在各沿海地区。其中广东省海水鱼类养殖种质资源最丰富（70个）。广东地处南海之滨，是全国光热气、水土、生物最富集的地区之一，为渔业发展提供了优异的条件。福建、海南、山东、浙江、广西等省份海水鱼类养殖种质资源数量也超过了40个，这与其拥有得天独厚的天然渔业资源和独特的地理环境条件等有关。天津、辽宁、河北等省份海水鱼类养殖种质资源也均超过了16个，以普遍养殖种为主，如牙鲆等。部分可通过驯化阶段性在淡水中进行养殖的种质资源，如花鲈，在重庆、云南、甘肃、青海、新疆等内陆省份也有养殖分布。

从单个水产养殖种质资源分布情况（图3-5）看，分布范围≥10个省份的仅有花鲈和黑棘鲷2个，其中花鲈最高，分布在全国14个省份；分布范围7～9个省份的有8个，包括虎龙杂交斑、大黄鱼、梭鱼、大西洋鲑、大菱鲆、半滑舌鳎等；分布范围4～6个省份的有30种，包括棕点石斑鱼、青石斑鱼、赤点石斑鱼、真鲷、黄姑鱼、许氏平鲉等；分布范围1～3个省份的有83种，包括红九棘鲈、珍鲹等。

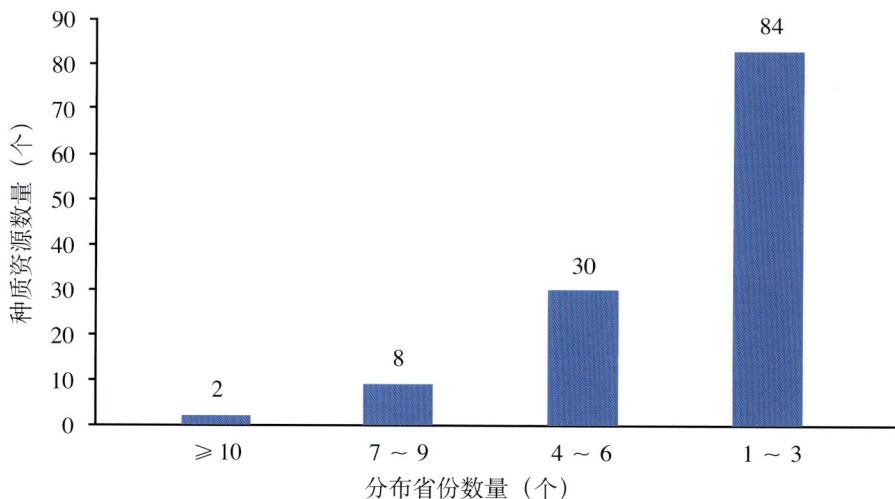

图3-5　海水鱼类养殖种质资源数（按分布省份情况）

第二节　特征特性

2021—2023年，第一次全国水产养殖种质资源普查对9个省和1个直辖市的279个调查点的85种海水鱼类养殖种质资源进行了重点分析。重点分析的海水鱼分属于8目、30科、54属。分析结果表明，海水鱼类养殖种质资源不同目之间、同目不同种之间形态比例性状差异显著，与历史数据相比，部分物种形态受到了人工选择的影响。多数海水鱼类养殖群体间具有低等或中等程度的遗传分化，这可能与海水鱼类亲本保存难度大、不同养殖场存在苗种规模化流通有关。相对而言，大斑石鲈、眼斑拟石首鱼等具有较低的遗传多样性，鮸、虎龙杂交斑等具有较高的遗传多样性。调查的海水鱼类粗蛋白含量平均为19.72 g/100 g，粗脂肪含量平均3.29 g/100 g，除鳗鲡目外，均具有高蛋白低脂肪的特点。氨基酸种类、含量丰富，除色氨酸在酸水解过程中被破坏未测定外，均检出17种。脂肪酸检出8 ~ 27种，含有丰富的不饱和脂肪酸，尤其是二十碳五烯酸（EPA）和二十二碳六烯酸（DHA），对供应人体所必需的营养起着重要作用。

（一）形态特征

重点分析了鲈形目、鲽形目、鲀形目、鲉形目、刺鱼目、鳗鲡目、鲑形目、鲻形目的海水鱼类养殖种质资源可量性状比例（图3-6）。结果显示，全长/体长各目平均值范围为1.14 ~ 1.22，体长/体高为2.26 ~ 16.73，体长/头长为3.10 ~ 8.83，头长/吻长为2.14 ~ 5.13，头长/眼径为4.63 ~ 10.53，头长/眼间距为2.04 ~ 6.81，体长/尾柄长为1.64 ~ 9.98，尾柄长/尾柄高为0.94 ~ 2.16。结果表明海水鱼类养殖种质资源不同目之间、同目不同种之间形态比例性状差异显著。鳗鲡目体长/体高明显高于其他目，鲻形目体长/头长明显高于其他目，鲽形目尾柄长/尾柄高明显低于其他目；同属鲈形目的大弹涂鱼体长/体高、头长/眼径均显著高于珍鲹、黄带拟鲹等。另外，与历史数据相比，大黄鱼、黄姑鱼部分养殖群体的体长/体高、全长/尾柄长等体形参数存在显著差异，这些形态演变趋势可能与人们追求体形美观、高经济效益而进行的人工选择有关。

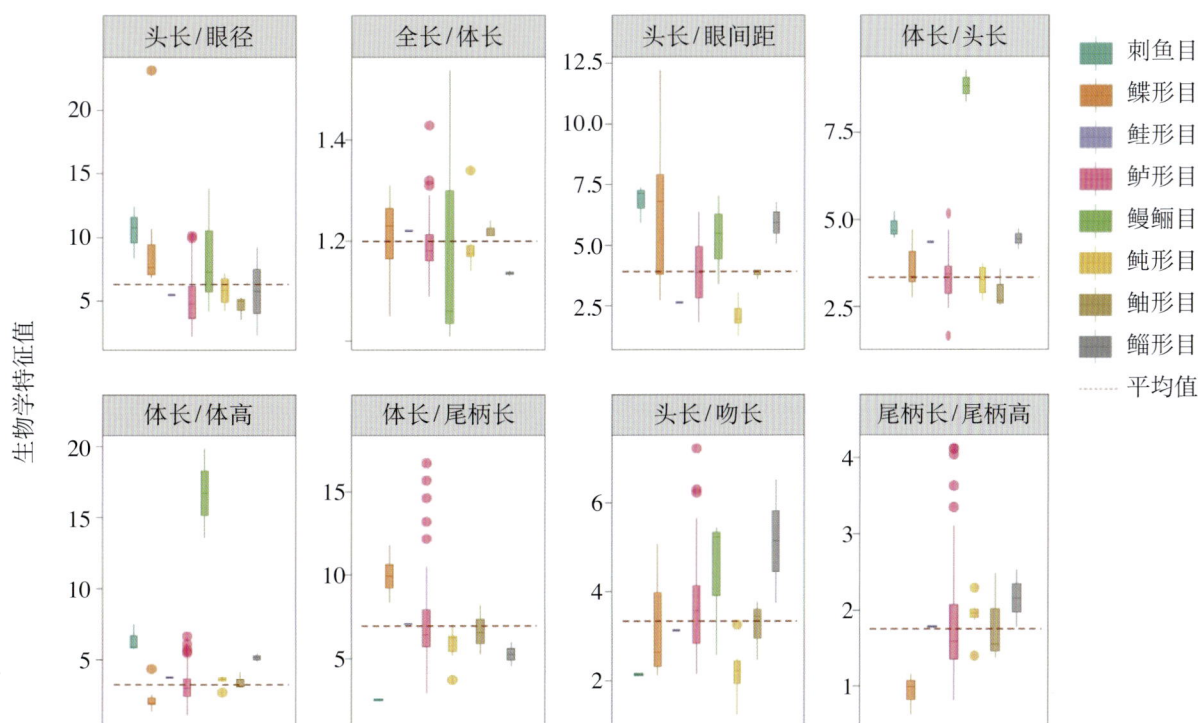

图3-6　海水鱼类养殖种质资源可量性状比例

（二）遗传多样性

对重点分析的海水鱼类，鉴定全基因组单核苷酸多态性位点，并使用多种群体遗传学指标评估遗传多样性水平。结果表明，海水鱼类核苷酸多态性（π）和群体间遗传分化指数（F_{ST}）在各目的范围分别是 $4.88 \times 10^{-4} \sim 9.61 \times 10^{-3}$ 和 $0.0017 \sim 0.0821$。其中，刺鱼目 π 平均值最高（9.61×10^{-3}），鲑形目 π 平均值最低（4.88×10^{-4}）；鲈形目 F_{ST} 平均值最高（0.0821），鳗鲡目 F_{ST} 平均值最低（0.0017）（图3-7）。基于 π 和 F_{ST} 这两个关

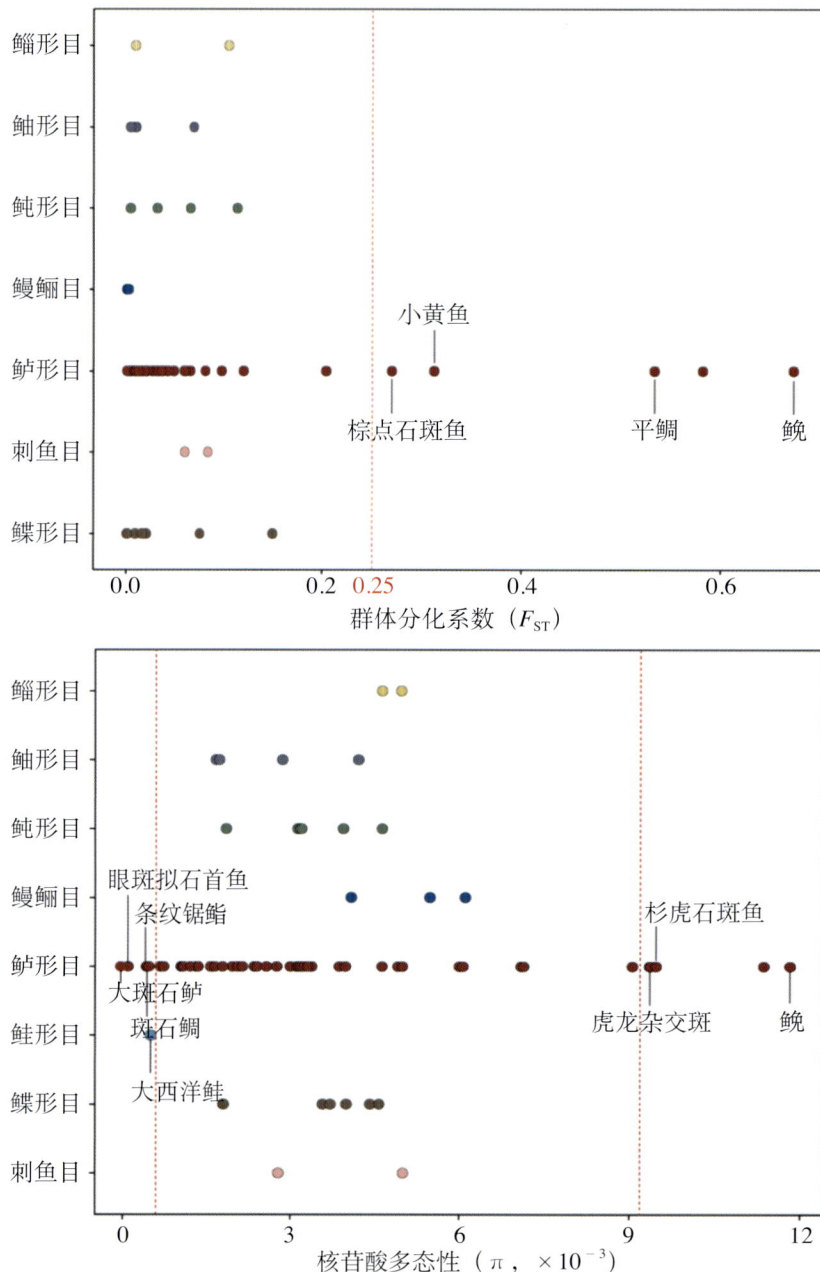

图3-7 海水鱼类养殖种质资源遗传多样性指标

键的遗传多样性指标，发现鮸、虎龙杂交斑等具有较高的遗传多样性，说明这些鱼类具有较高水平的遗传资源基础；相反，大斑石鲈、眼斑拟石首鱼等鱼类的遗传多样性相对较低，说明这些鱼类的遗传资源丰富度偏低。

（三）品质特性

重点分析了海水鱼类肌肉常规营养成分、氨基酸组成与含量、脂肪酸组成与含量等品质特性。常规营养成分分析发现调查的海水养殖鱼类水分含量平均为74.19 g/100 g，灰分含量平均为1.41 g/100 g，粗蛋白含量平均为19.72 g/100 g，粗脂肪含量平均为3.29 g/100 g，总糖含量平均为0.27 g/100 g，大多具有高蛋白低脂肪的特点。氨基酸组成与含量分析发现所有海水鱼类均检测出17种氨基酸，包括7种必需氨基酸、2种半必需氨基酸和8种非必需氨基酸。调查的海水养殖鱼类总氨基酸含量平均为14.93 g/100 g，必需氨基酸含量平均为5.98 g/100 g，必需氨基酸含量占总氨基酸的40.05%。海水养殖鱼类中脂肪酸检出8 ~ 27种，其中二十碳五烯酸（EPA）和二十二碳六烯酸（DHA）平均含量分别为84.22 mg/100 g和296.96 mg/100 g。总体而言，重点分析的海水鱼类种质资源含有丰富的不饱和脂肪酸。

第三节　代表性物种资源状况

根据《2023中国渔业统计年鉴》数据，兼顾海水鱼物种特色，选取5种海水鱼作为代表性物种进行详细介绍，包括大黄鱼、卵形鲳鲹、虎龙杂交斑、花鲈、牙鲆。

（一）大黄鱼资源状况

1.数量和分布

（1）物种概况

隶属于动物界（Animalia）、脊索动物门（Chordata）、硬骨鱼纲（Osteichthyes）、鲈形目（Perciformes）、石首鱼科（Sciaenidae）、黄鱼属（*Larimichthys*），是我国重要的海水鱼类养殖种质资源，截至2021年第一次全国水产养殖种质资源普查时已培育大黄鱼"闽优1号"、大黄鱼"东海1号"、大黄鱼"甬岱1号"3个品种。

（2）区域分布

亲本及繁育主体方面：全国共保存大黄鱼亲本90万尾以上，共普查到繁育主体64个，主要分布于福建、浙江、广东、江苏4个省的11个地市。**养殖分布方面：**大黄鱼主要在福建、浙江、江苏、广东、山东、辽宁、广西、海南等沿海省份有养殖分布。

2.特征特性

2021—2023年，第一次全国水产养殖种质资源普查对福建和浙江的8个调查点的240个大黄鱼样本进行了重点分析。形态性状与历史数据相比，部分养殖群体的体长/体高、全长/尾柄长等体形参数存在显著差异。遗传多样性分析结果显示，大黄鱼核苷酸多态性（π）范围为$5.15\times10^{-3}\sim6.37\times10^{-3}$，群体间遗传分化指数（$F_{ST}$）范围为$0.005\sim0.093$，表明大黄鱼群体遗传多样性水平较低。

重点分析了大黄鱼肌肉常规营养成分、氨基酸组成与含量、脂肪酸组成与含量等品质特性。常规营养成分分析发现大黄鱼水分含量平均为71.96 g/100 g，灰分含量平均为1.13 g/100 g，粗蛋白含量平均为18.66 g/100 g，粗脂肪含量平均为6.57 g/100 g，总糖含量平均为0.16 g/100 g，具有高蛋白低脂肪的特点。共检出17种氨基酸，包括7种必需氨基酸、2种半必需氨基酸和8种非必需氨基酸。总氨基酸含量平均为16.15 g/100 g，必需氨基酸含量平均为6.78 g/100 g，必需氨基酸含量占总氨基酸的41.98%。并且，谷氨酸和天冬氨酸等呈味氨基酸的含量较高。共检出脂肪酸22种，EPA和DHA含量平均分别为129.87 mg/100 g和347.69 mg/100 g，多不饱和脂肪酸含量丰富。

（二）卵形鲳鲹资源状况

1.数量和分布

（1）物种概况

隶属于动物界（Animalia）、脊索动物门（Chordata）、硬骨鱼纲（Osteichthyes）、鲈形目（Perciformes）、鲹科（Carangidae）、鲳鲹属（*Trachinotus*），是我国重要的海水养殖种质资源，截至2021年第一次全国水产养殖种质资源普查时无培育品种。

（2）区域分布

亲本及繁育主体方面： 全国共保存卵形鲳鲹亲本4万尾以上，共普查到繁育主体8个，主要分布于广东省深圳市、汕尾市、阳江市，广西壮族自治区北海市，以及海南省陵水黎族自治县。**养殖分布方面：** 浙江、福建、广东、广西、海南等省份有养殖分布。

2.特征特性

2021—2023年，第一次全国水产养殖种质资源普查对广东、海南和广西的7个调查点的210个卵形鲳鲹样本进行了重点分析。遗传多样性分析结果显示，卵形鲳鲹核苷酸多态性（π）范围为$7.42\times10^{-4}\sim5.72\times10^{-3}$，群体间遗传分化指数（$F_{ST}$）范围为$0.012\sim0.231$，表明卵形鲳鲹遗传资源丰富度相对偏低，群体间遗传分化程度跨度较大，个别群体间存在较大程度的遗传分化。

重点分析了卵形鲳鲹肌肉常规营养成分、氨基酸组成与含量、脂肪酸组成与含量等品质特性。常规营养成分分析发现卵形鲳鲹水分含量平均为68.71 g/100 g，灰分含量平均为1.36 g/100 g，粗蛋白含量平均为19.71 g/100 g，粗脂肪含量平均为9.24 g/100 g，总糖含量平均为0.18 g/100 g，具有高蛋白低脂肪的特点；共检出17种氨基酸，包括7种必需氨基酸、2种半必需氨基酸和8种非必需氨基酸，总氨基酸含量平均为17.48 g/100 g，必需氨基酸含量平均为6.52 g/100 g，必需氨基酸含量占总氨基酸的37.30%。并且，谷氨酸和天冬氨酸等呈味氨基酸的含量较高。共检出脂肪酸24种，EPA和DHA含量平均分别为55.83 mg/100 g和336.01 mg/100 g。

（三）虎龙杂交斑资源状况

1.数量和分布

（1）物种概况

虎龙杂交斑 [*Epinephelus fuscoguttatus*（♀）×*Epinephelus lanceolatus*（♂）]，是棕点石斑鱼（♀）与鞍带石斑鱼（♂）的杂交子代，是我国重要的杂交海水养殖种质资源。

（2）区域分布

亲本及繁育主体方面：全国共保存虎龙杂交斑亲本52万尾以上，共普查到繁育主体42个，主要分布于海南、广东、福建等7个省的17个地市。养殖分布方面：主要在天津、河北、浙江、安徽、福建、山东、广东、广西、海南等省份有养殖分布。

2.特征特性

2021—2023年，第一次全国水产养殖种质资源普查对福建和山东2个调查点的60个虎龙杂交斑样本进行了重点分析。形态性状分析结果表明，虎龙杂交斑在头部形态特征上更倾向于其母本棕点石斑鱼，而躯干形态特征则与其父本鞍带石斑鱼更为相似。遗传多样性分析结果显示，虎龙杂交斑核苷酸多态性（π）范围为$9.32\times10^{-3}\sim9.42\times10^{-3}$，群体间遗传分化指数（$F_{ST}$）为0.012，这表明虎龙杂交斑遗传多样性水平相对较高，群体间存在较小程度的遗传分化。

重点分析了虎龙杂交斑肌肉常规营养成分、氨基酸组成与含量、脂肪酸组成与含量等品质特性。常规营养成分分析发现虎龙杂交斑水分含量平均为76.10 g/100 g，灰分含量平均为1.40 g/100 g，粗蛋白含量平均为20.30 g/100 g，粗脂肪含量平均为1.50 g/100 g，总糖含量平均为0.29 g/100 g，具有高蛋白低脂肪的特点。共检出17种氨基酸，包括7种必需氨基酸、2种半必需氨基酸和8种非必需氨基酸，总氨基酸含量平均为 14.14 g/100 g，必需氨基酸含量平均为 5.83 g/100 g，必需氨基酸含量占总氨基酸的 41.23%，是氨基酸组成平衡的优质蛋白源。共检出脂肪酸 15 种，EPA 和 DHA 含量平均分别为 26.43 mg/100 g 和 69.65 mg/100 g，具有多不饱和脂肪酸种类多、含量丰富的特点。

（四）花鲈资源状况

1.数量和分布

（1）物种概况

隶属于动物界（Animalia）、脊索动物门（Chordata）、硬骨鱼纲（Osteichthyes）、鲈形目（Perciformes）、花鲈科（Lateolabracidae）、花鲈属（*Lateolabrax*），是我国重要的海水鱼类养殖种质资源，经驯化后也可在淡水中养殖，分布范围较广，截至 2021 年第一次全国水产养殖种质资源普查时无培育品种。

（2）区域分布

亲本及繁育主体方面：全国共保存花鲈亲本 14 万尾以上，共普查到繁育主体 21 个，主要分布于广东省珠海市、福建省宁德市和山东省东营市。**养殖分布方面**：主要在天津、河北、辽宁、上海、江苏、浙江、福建、山东、广东、广西、海南等沿海省份以及内蒙古、黑龙江、湖南等内陆省份有养殖分布。

2.特征特性

2021—2023 年，第一次全国水产养殖种质资源普查对广东和山东共 6 个调查点的 180 个花鲈样本进行了重点分析。样本的形态比例数据与花鲈行业标准基本一致。遗传多样性分析结果显示，花鲈核苷酸多态性（π）范围为 $3.27 \times 10^{-3} \sim 3.33 \times 10^{-2}$，群体间遗传分化指数（$F_{ST}$）范围为 $0.006 \sim 0.017$。这些指标表明，花鲈遗传多样性相对较低，且不同群体间遗传分化程度较小。

重点分析了花鲈肌肉常规营养成分、氨基酸组成与含量、脂肪酸组成与含量等品质特性。常规营养成分分析发现花鲈水分含量平均为 74.39 g/100 g，灰分含量平均为 1.49 g/100 g，粗蛋白含量平均为 20.77 g/100 g，粗脂肪含量平均为 2.49 g/100 g，总糖含量平均为 0.23 g/100 g，具有高蛋白低脂肪的特点。共检出 17 种氨基酸，包括 7 种必需氨基酸、2 种半必需氨基酸和 8 种非必需氨基酸，总氨基酸含量平均为 17.17 g/100 g，必需氨基酸含量平均为 7.25 g/100 g，必需氨基酸含量占总氨基酸的 42.22%，具有必需氨基酸种类多、含量高的特点。共检出脂肪酸 15 种，EPA 和 DHA 含量平均分别为 45.68 mg/100 g 和 93.52 mg/100 g。

（五）牙鲆资源状况

1.数量和分布

（1）物种概况

隶属于动物界（Animalia）、脊索动物门（Chordata）、硬骨鱼纲（Osteichthyes）、鲽形目（Pleuronectiformes）、牙鲆科（Paralichthyidae）、牙鲆属（*Paralichthys*）。牙鲆是优质比目鱼类之一，截至2021年第一次全国水产养殖种质资源普查时已培育牙鲆"鲆优1号"、牙鲆"北鲆1号"、北鲆2号、牙鲆"鲆优2号"4个品种。

（2）区域分布

亲本及繁育主体方面： 全国共保存牙鲆亲本3万尾以上，共普查到繁育主体50个，主要分布于山东、河北、辽宁、江苏等4个省的11个地市。**养殖分布方面：** 主要在天津、河北、辽宁、江苏、山东等沿海省份有养殖分布。

2.特征特性

2021—2023年，第一次全国水产养殖种质资源普查对河北、辽宁和山东的6个调查点的180个牙鲆样本进行了重点分析。形态分析结果与牙鲆行业标准基本一致。遗传多样性分析结果显示，牙鲆核苷酸多态性（π）范围为$3.33 \times 10^{-3} \sim 4.38 \times 10^{-3}$，群体间遗传分化指数（$F_{ST}$）范围为$0.019 \sim 0.273$，这表明牙鲆群体间遗传分化程度跨度较大，个别群体间存在较大程度的遗传分化。

重点分析了牙鲆肌肉常规营养成分、氨基酸组成与含量、脂肪酸组成与含量等品质特性。常规营养成分分析发现牙鲆水分含量平均为75.20 g/100 g，灰分含量平均为1.35 g/100 g，粗蛋白含量平均为21.41 g/100 g，粗脂肪含量平均为1.02 g/100 g，总糖含量平均为0.21 g/100 g，具有高蛋白低脂肪的特点。共检出17种氨基酸，包括7种必需氨基酸、2种半必需氨基酸和8种非必需氨基酸，总氨基酸含量平均为17.49 g/100 g，必需氨基酸含量平均为7.66 g/100 g，必需氨基酸占总氨基酸含量的43.80%。而且，呈味氨基酸在总氨基酸中的占比高达38.25%。共检出脂肪酸17种，EPA和DHA含量平均分别为57.74 mg/100 g和199.08 mg/100 g。

>>> 第四章
中国虾蟹类养殖种质资源状况

我国虾蟹类养殖历史悠久，明朝时期南方沿海就开始建造鱼塭养殖虾蟹类。20世纪80年代，随着对虾和河蟹人工繁育技术的突破，虾蟹苗种实现了规模化生产，虾蟹类养殖种质资源逐步丰富。

第一节　数量和分布

（一）种类数量

我国虾蟹类养殖种质资源62个，包括原种28个、品种30个、引进种4个，占我国全部水产养殖种质资源的7.23%。在这些养殖种质资源中，养殖产业规模较大、养殖较普遍的有42个，如凡纳滨对虾、斑节对虾、克氏原螯虾、日本沼虾、罗氏沼虾、中华绒螯蟹等，占总数的67.74%，是当前虾蟹类中的"主养种"，贡献了我国虾蟹类养殖总产量的97.31%（图4-1）；其余种质资源养殖规模不大，以地方特色原种为主，如墨吉对虾、长毛对虾、锦绣龙虾、红螯螯虾等，具有较高的开发潜力，这些种质资源有力支撑了我国虾蟹类养殖产业可持续发展。

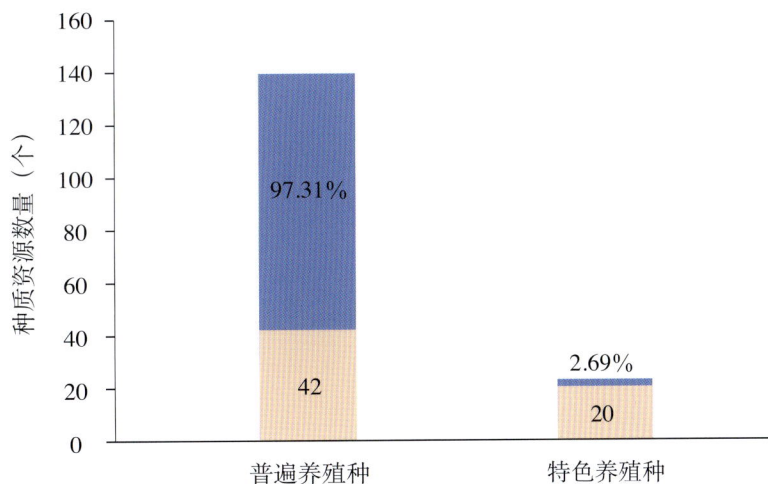

图4-1　虾蟹类普遍养殖种与特色养殖种种质资源数量及产量情况

注：橙色部分为"普遍养殖种"和"特色养殖种"虾蟹类的数量，蓝色部分为"普遍养殖种"和"特色养殖种"虾蟹类的产量占比，相关数据来源于《2021中国渔业统计年鉴》。

1.虾蟹类养殖种质资源物种数量丰富

虾蟹类养殖种质资源隶属2目、10科（图4-2）、19属、32物种，其中口足目物种数量1种，为口虾蛄；十足目物种数量为31种。对虾科物种数量最多（10种），占虾蟹类物种的31.25%，主要包括凡纳滨对虾、中国对虾、日本囊对虾等；**长臂虾科**有物种7种，占虾蟹类物种的21.88%，主要包括罗氏沼虾、日本沼虾、秀丽白虾等；**梭子蟹科**有物种6种，占虾蟹类物种的18.75%，主要包括三疣梭子蟹、拟穴青蟹、锯缘青蟹等；**龙虾科**有物种3种，占虾蟹类物种的9.38%，包括波纹龙虾、锦绣龙虾、中国龙虾等；**其他6个科**有物种6种，占虾蟹类物种的18.75%，包括克氏原螯虾、中华绒螯蟹、黄海褐虾、口虾蛄、红螯螯虾、锯齿新米虾。

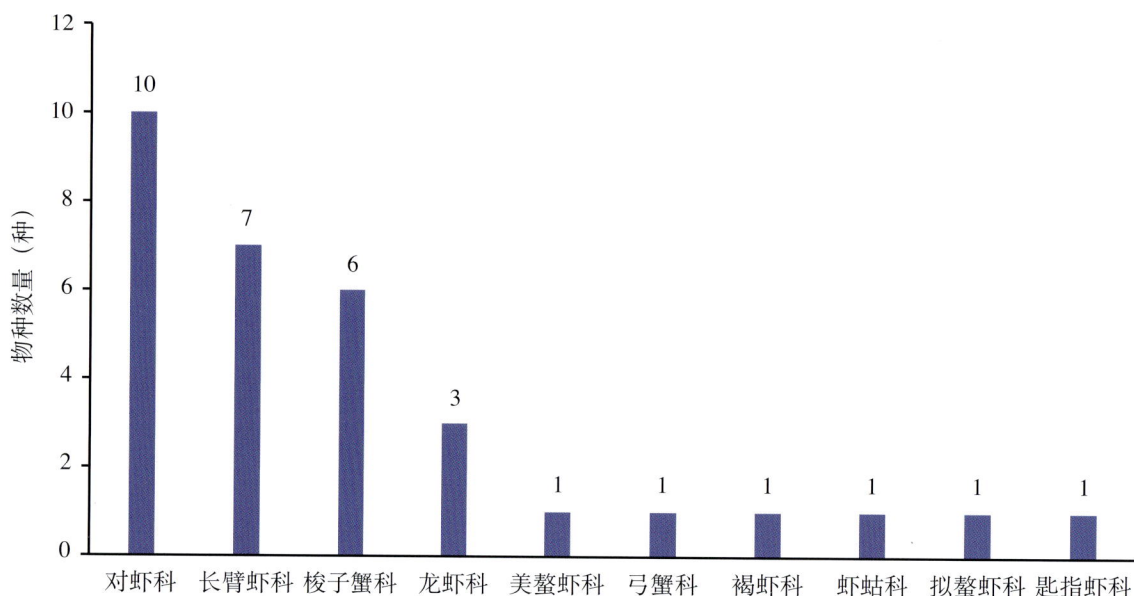

图4-2　虾蟹类养殖种质资源物种组成（按科分）

2.品种是虾蟹类养殖种质资源的重要组成部分

从品种角度看，截至2021年第一次全国水产养殖种质资源普查时，虾蟹类已培育品种30个，占虾蟹类养殖种质资源总数的48.39%，主要由9个物种培育而来，其中凡纳滨对虾9个品种，是虾蟹类品种最多的种质资源，如凡纳滨对虾"中兴1号"、凡纳滨对虾"科海1号"、凡纳滨对虾"中科1号"等；中国对虾5个品种，如中国对虾"黄海1号"、中国对虾"黄海2号"、中国对虾"黄海3号"等；中华绒螯蟹5个品种，如中华绒螯蟹"长江1号"、中华绒螯蟹"光合1号"、中华绒螯蟹"长江2号"等；三疣梭子蟹3个品种，包括三疣梭子蟹"黄选1号"、三疣梭子蟹"科甬1号"、三疣梭子蟹"黄选2号"；斑节对虾、脊尾白虾、日本沼虾（青虾）各2个品种；日本囊对虾、罗氏沼虾各1个品种（图4-3）。

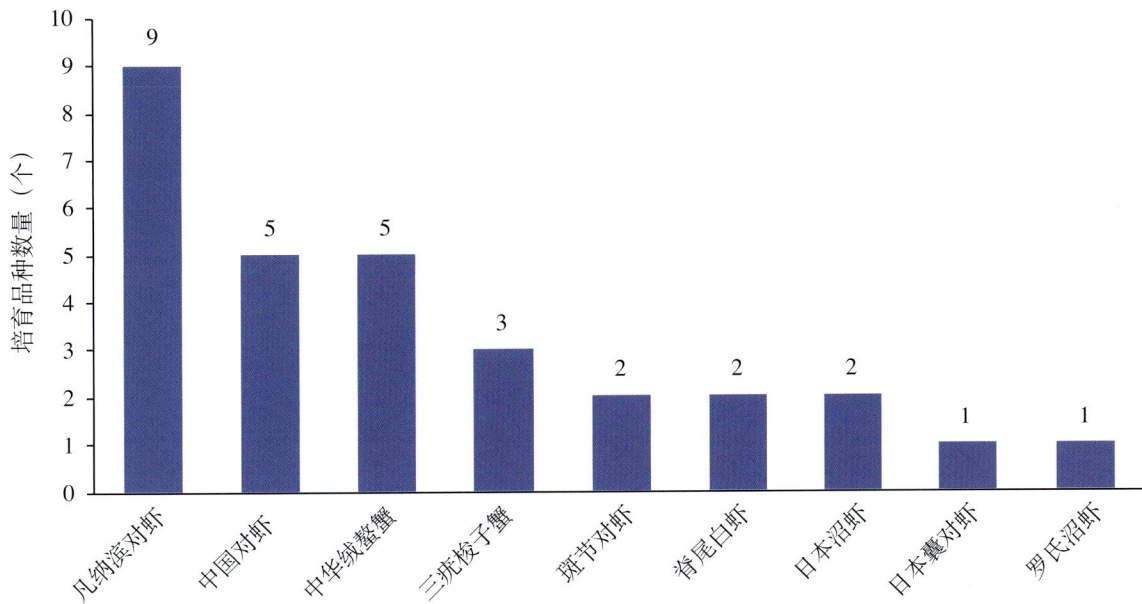

图4-3 不同种类虾蟹类品种培育情况

3.引进种是虾蟹类养殖种质资源的重要组成部分

虾蟹类引进种4个，占虾蟹类养殖种质资源总数的6.45%，再加上利用引进种质培育的新品种10个，共占虾蟹类养殖种质资源总数的22.58%，是虾蟹类养殖种质资源的重要组成部分（图4-4）。部分引进种已经形成较大产业规模，其中，凡纳滨对虾和克氏原螯虾在全国大多数省份均有养殖；罗氏沼虾和红螯螯虾也已经在全国20多个省份有养殖。

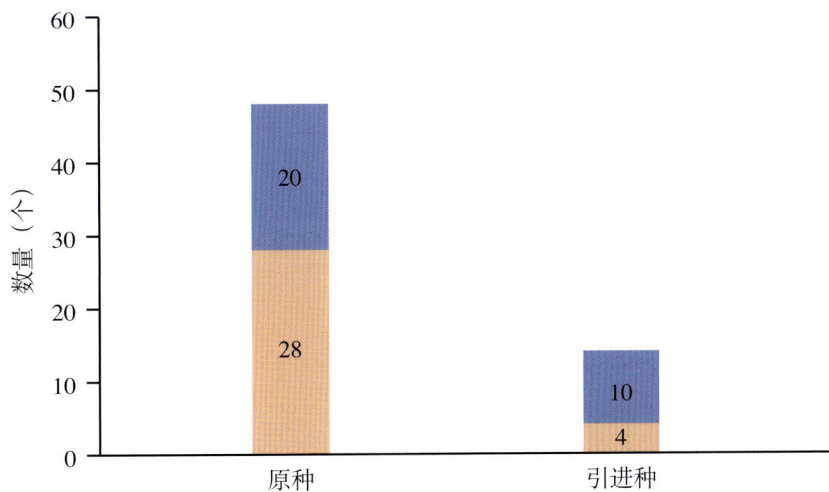

图4-4 虾蟹类养殖种质资源类型

注：橙色表示种质来源为原种或引进种的数量；蓝色表示以原种或引进种为基础培育的品种数量。

（二）区域分布

普查到的62个虾蟹类养殖种质资源分布在全国各沿海省份的1700多个县（市、区）的18.4万余家水产养殖主体中。另外，虾蟹类养殖种质资源拥有庞大的种群数量，年均保存亲本13亿尾以上，为我国虾蟹类养殖提供了重要种源保障。

从分布情况看，沿海省份虾蟹类养殖种质资源多于内陆省份。其中山东虾蟹类养殖种质资源最丰富（41个）。山东属温带季风气候，得天独厚的自然环境孕育了丰富的天然渔业资源。广东和江苏虾蟹类养殖种质资源数量均超过了30个，这与其独特的地理环境条件等有关。辽宁、河北、天津、浙江、广西等沿海省份虾蟹类养殖种质资源均超过了20个，以普遍养殖种为主，如凡纳滨对虾、罗氏沼虾等。除湖南外，内陆省份虾蟹类养殖种质资源数量均低于20个。

从单个种质资源分布情况（图4-5）看，分布范围≥30个省份的虾蟹类养殖种质资源仅有1个，为中华绒螯蟹；分布范围20～29个省份的有7个，包括凡纳滨对虾、克氏原螯虾、罗氏沼虾、中华绒螯蟹、红螯螯虾等；分布范围10～19个省份的有12种，包括斑节对虾、中国对虾、拟穴青蟹等；分布范围2～9个省份的有31种，包括日本囊对虾、三疣梭子蟹、锯缘青蟹等；分布范围仅1个省份的有11种，如葛氏长臂虾仅在浙江有分布，红星梭子蟹仅在福建有分布。

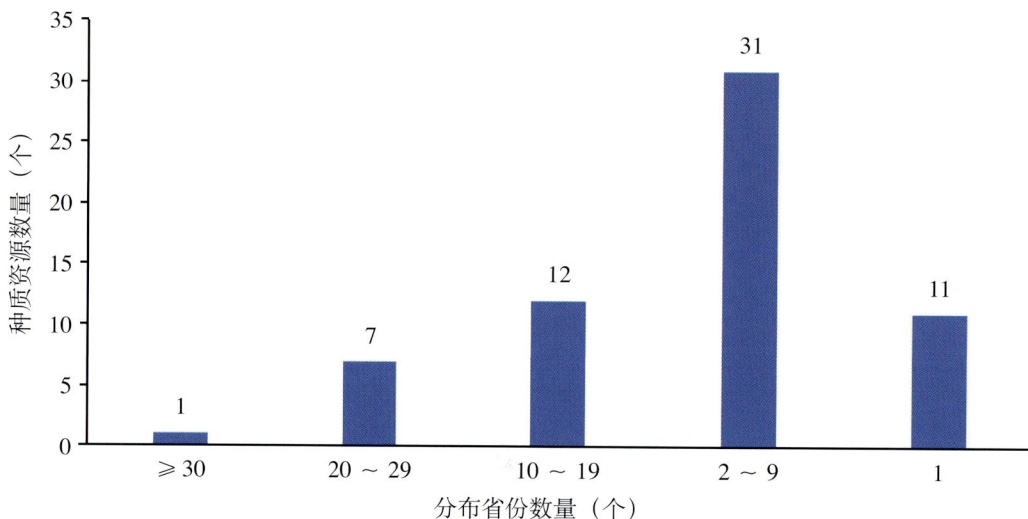

图4-5　虾蟹类养殖种质资源数（按分布省份情况）

第二节　特征特性

2021—2023年，第一次全国水产养殖种质资源普查对15个省（自治区、直辖市）的108个调查点的24种虾蟹类养殖种质资源进行了重点分析。重点分析的虾蟹均为十足目动物，分属于8个科。主要为对虾科、长臂虾科和梭子蟹科种类，其中对虾科9种、长臂虾科5种、梭子蟹科4种。分析结果表明，虾蟹类养殖种质资源部分可量性状比例具有显著差异，形态信息数据可以有效支撑虾蟹类养殖种质资源鉴定；虾蟹类肌肉具有高蛋白低脂肪的营养特点，富含虾青素、必需氨基酸、呈味氨基酸、多不饱和脂肪酸等营养成分，属于美味与营养兼具的优质食物。

（一）形态特征

重点分析了对虾科、长臂虾科、龙虾科、美螯虾科、拟螯虾科、褐虾科、弓蟹科、梭子蟹科的虾蟹类养殖种质资源可量性状比例。图4-6展示了虾蟹类养殖种质资源共性可量性状生物学特征值。虾类体长/头胸甲长1.81～3.96、体长/额角长2.67～6.67、额角长/头胸甲长0.36～0.97、体长/第二步足长0.89～4.61，其中对虾科体长/头胸甲长1.96～3.96、长臂虾科体长/头胸甲长1.81～2.46、龙虾科体长/头胸甲长2.70～2.74、美螯虾科体长/头胸甲长2.32、拟螯虾科体长/头胸甲长1.82、褐虾科体长/头胸甲长3.88。蟹类体高/头胸甲长（全甲宽）0.25～0.56、头胸甲宽/头胸甲长（甲长/全甲宽）0.26～1.12、第三步足长节长/头胸甲长（全甲宽）0.17～0.76、第三步足前节长/头胸甲长（全甲宽）0.11～0.53，其中梭子蟹科头胸甲宽/头胸甲长0.26～0.68、弓蟹科头胸甲宽/头胸甲长1.12。结果表明虾蟹类养殖种质资源在不同科之间、同科不同种之间形态比例性状差异显著，即使同种，不同养殖群体间部分形态比例性状也存在差异，特别是一些虾蟹新品种，聚焦选育性状，经过多代人工选育，与野生苗种的养殖群体相比，部分形态比例性状存在显著差异。同一物种不同新品种之间，部分形态比例性状也存在显著差异，如聚焦体色选育而成的脊尾白虾"科苏红1号"新品种，表皮和肌肉均为红色，与普通脊尾白虾体色相比差异显著。综合分析发现，基于形态信息数据可以有效开展虾蟹类养殖种质资源鉴定。

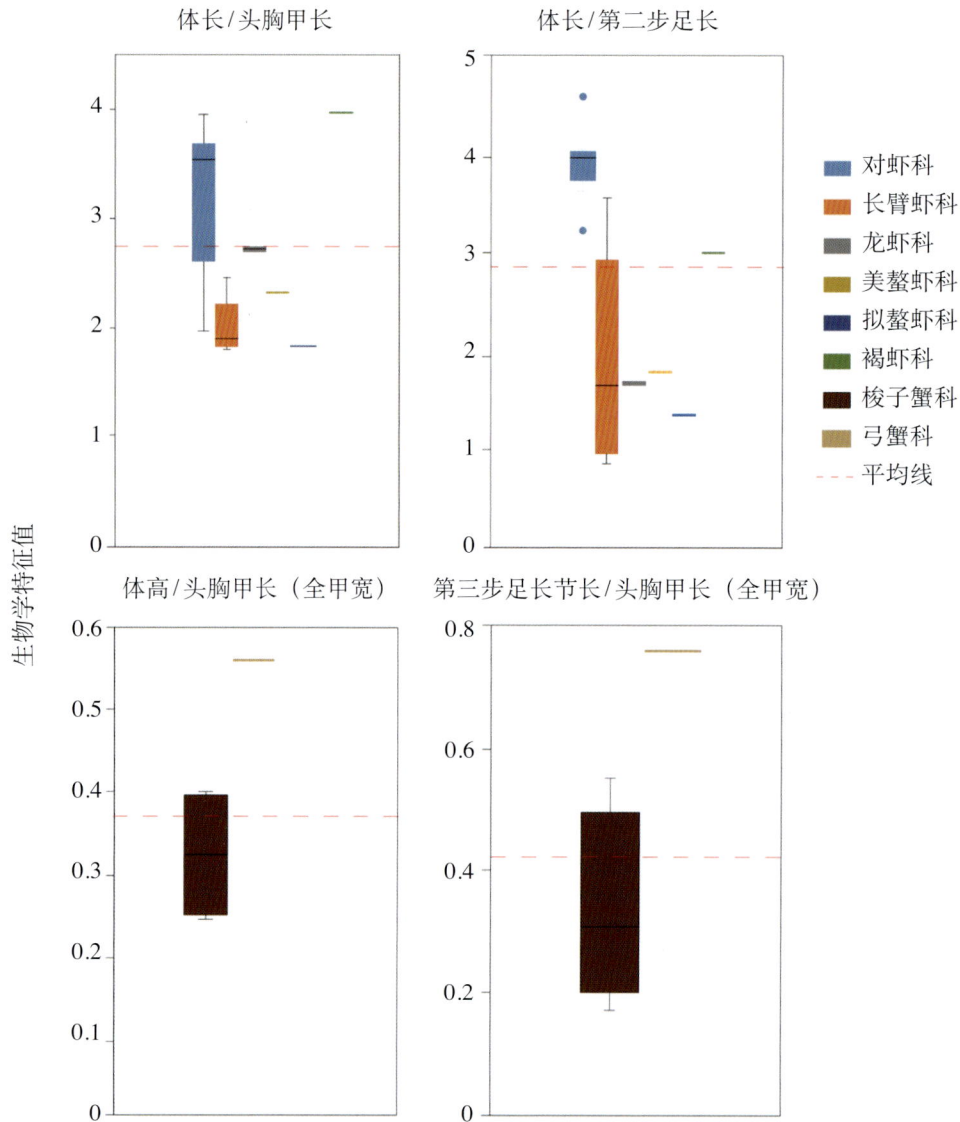

图 4-6 虾蟹类养殖种质资源生物学特征值

（二）遗传多样性

对重点分析的虾蟹类，鉴定全基因组单核苷酸多态性位点，并使用多种群体遗传学指标评估遗传多样性水平。不同科的虾蟹类的核苷酸多态性（π）和群体间遗传分化指数（F_{ST}）范围分别为 4.30×10^{-5} ~ 4.98×10^{-3} 和 0 ~ 0.28。其中，龙虾科 π 最高（4.98×10^{-3}），褐虾科 π 最低（4.30×10^{-5}）；龙虾科 F_{ST} 最高（0.28），拟螯虾科 F_{ST} 最低（0）。基于这两个关键的遗传多样性指标（图 4-7），发现波纹龙虾具有较高的遗传多样性，说明该种质具有较高水平的遗传资源基础；但相对而言，红螯螯虾具有较低的遗传多样性，预示该种质遗传资源基础可能偏低。

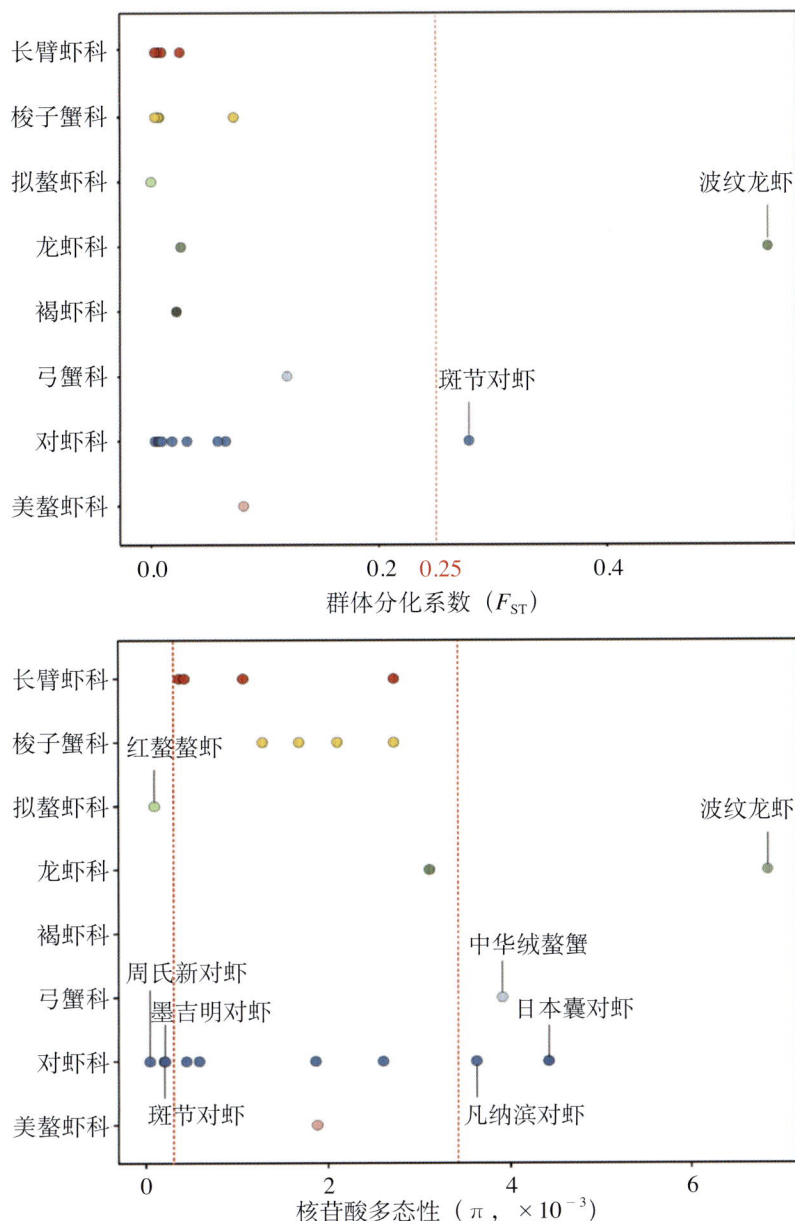

图4-7　虾蟹类养殖种质资源遗传多样性

（三）品质特性

重点分析了虾蟹类养殖种质资源肌肉常规营养成分、氨基酸组成与含量、脂肪酸组成与含量等品质特性。常规营养成分分析发现调查的养殖虾蟹类灰分含量平均为1.54 g/100 g、水分含量平均为76.42 g/100 g、粗蛋白含量平均为19.86 g/100 g、粗脂肪含量平均为0.82 g/100 g、总糖含量平均为0.51 g/100 g，大多具有高蛋白低脂肪的特点，另外虾青素含量为0.09 ~ 1.55 mg/kg。氨基酸组成与含量分析发现红螯螯虾、罗氏沼虾分别检测出16种氨基酸，包括7种必需氨基酸、7种非必需氨基酸、2种半必需氨基酸；

调查的其他22种养殖虾蟹类均检测出17种氨基酸，包括7种必需氨基酸、8种非必需氨基酸、2种半必需氨基酸。调查的养殖虾蟹类总氨基酸含量平均值为15.04 g/100 g，必需氨基酸含量平均为5.43 g/100 g，必需氨基酸含量占总氨基酸的36.10%。调查的养殖虾蟹类中脂肪酸检出8 ~ 16种，其中二十碳五烯酸（EPA）含量平均为55.27 mg/100 g，二十二碳六烯酸（DHA）含量平均为47.01 mg/100 g。总体而言，重点分析的虾蟹类养殖种质资源含有丰富的不饱和脂肪酸。

第三节　代表性物种资源状况

根据《2023中国渔业统计年鉴》数据，兼顾虾蟹类物种特色，选取5种虾蟹作为代表性物种进行详细介绍，包括凡纳滨对虾、克氏原螯虾、日本沼虾、拟穴青蟹和中华绒螯蟹。

（一）凡纳滨对虾资源状况

1.数量和分布

（1）物种概况

隶属于动物界（Animalia）、节肢动物门（Arthropoda）、软甲纲（Malacostraca）、十足目（Decapoda）、对虾科（Penaeidae）、滨对虾属（*Litopenaeus*），是我国重要的海水养殖虾类，截至2021年第一次全国水产养殖种质资源普查时已培育凡纳滨对虾"中兴1号"、凡纳滨对虾"科海1号"、凡纳滨对虾"中科1号"、凡纳滨对虾"桂海1号"、凡纳滨对虾"壬海1号"、凡纳滨对虾"广泰1号"、凡纳滨对虾"海兴农2号"、凡纳滨对虾"正金阳1号"、凡纳滨对虾"兴海1号"等品种。

（2）区域分布

亲本及繁育主体方面：全国共保存凡纳滨对虾后备亲本1802万尾以上，共普查到繁育主体416个，主要分布于广东、福建、海南等10个省（自治区、直辖市）的44个地市。**养殖分布方面**：天津、河北、山西、内蒙古、辽宁、吉林、上海、江苏、浙江、安徽、福建、江西、山东、河南、湖北、湖南、广东、广西、海南、重庆、四川、贵州、云南、陕西、甘肃、宁夏、新疆等全国大多数省份有养殖分布。

2.特征特性

2021—2023年，第一次全国水产养殖种质资源普查对天津、河北、山东、海南、广东、广西的8个调查点的740个凡纳滨对虾样本进行了重点分析。遗传多样性分析结果显示，凡纳滨对虾核苷酸多态性（π）范围为$2.24 \times 10^{-3} \sim 4.16 \times 10^{-3}$，群体间遗传分化指数（$F_{ST}$）范围为$0.039 \sim 0.093$，表明凡纳滨对虾群体存在中低程度遗传分化，种质资源多样性偏低。

品质特性方面，重点分析了凡纳滨对虾肌肉常规营养成分、氨基酸组成与含量、脂肪酸组成与含量等品质特性。常规营养成分分析发现，凡纳滨对虾水分含量平均为72.3 g/100 g，灰分含量平均为1.6 g/100 g，粗蛋白含量平均为23.2 g/100 g，粗脂肪含量平均为0.95 g/100 g，总糖含量平均为0.58 g/100 g，具有高蛋白低脂肪的特点，同时富含虾青素。凡纳滨对虾检测出17种氨基酸，包括7种必需氨基酸、2种半必需氨基酸和8种非必需氨基酸。凡纳滨对虾总氨基酸含量平均为18.7 g/100 g，必需氨基酸含量平均为6.5 g/100 g，必需氨基酸含量占总氨基酸的34.76%。凡纳滨对虾中脂肪酸检出12种，其中二十碳五烯酸（EPA）和二十二碳六烯酸（DHA）含量平均分别为64.4 g/100 g和62.4 g/100 g。

（二）克氏原螯虾资源状况

1.数量和分布

（1）物种概况

隶属于动物界（Animalia）、节肢动物门（Arthropoda）、软甲纲（Malacostraca）、十足目（Decapoda）、美螯虾科（Cambaridae）、原螯虾属（*Procambams*），是我国重要的淡水养殖虾类，截至2021年第一次全国水产养殖种质资源普查时无培育品种。

（2）区域分布

亲本及繁育主体方面：全国共保存克氏原螯虾亲本8亿尾以上，共普查到繁育主体2648个，主要分布于湖南、四川、重庆等20个省（自治区、直辖市）的120个地市。**养殖分布方面**：北京、天津、河北、山西、内蒙古、辽宁、吉林、黑龙江、上海、江苏、浙江、安徽、福建、江西、山东、河南、湖北、湖南、广东、广西、海南、重庆、四川、贵州、云南、陕西、甘肃、宁夏、新疆等全国大多数省份有养殖分布。

2.特征特性

2021—2023年，第一次全国水产养殖种质资源普查对江苏、湖北、湖南、安徽、山东、江西的6个调查点的180个克氏原螯虾样本进行了重点分析。遗传多样性分析结果显示，克氏原螯虾核苷酸多态性（π）范围为$1.54 \times 10^{-3} \sim 2.16 \times 10^{-3}$，群体间遗传分化指数（$F_{ST}$）范围为$0.015 \sim 0.149$，表明克氏原螯虾群体遗传多样性水平较低。

重点分析了克氏原螯虾肌肉常规营养成分、氨基酸组成与含量、脂肪酸组成与含量等品质特性。常规营养成分分析发现调查的克氏原螯虾水分含量平均为 76.85 g/100 g，灰分含量平均为 1.24 g/100 g，粗蛋白含量平均为 18.50 g/100 g，粗脂肪含量平均为 0.79 g/100 g，总糖含量平均为 0.88 g/100 g，大多具有高蛋白低脂肪的特点。所有克氏原螯虾均检测出 17 种氨基酸，包括 7 种必需氨基酸、2 种半必需氨基酸、8 种非必需氨基酸。调查的克氏原螯虾总氨基酸含量平均为 14.07 g/100 g，必需氨基酸含量平均为 5.07 g/100 g，必需氨基酸含量占总氨基酸的 36.03%。调查的克氏原螯虾中脂肪酸检出 12 种，其中二十碳五烯酸（EPA）和二十二碳六烯酸（DHA）含量平均分别为 31.41 mg/100 g 和 12.22 mg/100 g。

（三）日本沼虾资源状况

1.数量和分布

（1）物种概况

隶属于动物界（Animalia）、节肢动物门（Arthropoda）、软甲纲（Malacostraca）、十足目（Decapoda）、长臂虾科（Palaemonidae）、沼虾属（*Macrobrachium*），是我国重要的养殖虾类，截至 2021 年第一次全国水产养殖种质资源普查时已先后培育杂交青虾"太湖 1 号"、青虾"太湖 2 号"等品种。

（2）区域分布

亲本及繁育主体方面：全国共保存日本沼虾亲本 9556 万尾以上，共普查到繁育主体 346 个，主要分布于浙江、江苏、安徽等 10 个省（自治区、直辖市）的 21 个地市。**养殖分布方面**：河北、山西、黑龙江、上海、江苏、浙江、安徽、福建、江西、山东、河南、湖北、湖南、广东、广西、四川、贵州、宁夏等省份有养殖分布。

2.特征特性

2021—2023 年，第一次全国水产养殖种质资源普查对江苏、浙江和安徽的 6 个调查点的 210 个日本沼虾样本进行了重点分析。遗传多样性分析结果显示，日本沼虾核苷酸多态性（π）范围为 $8.21 \times 10^{-4} \sim 1.21 \times 10^{-3}$，群体间遗传分化指数（$F_{ST}$）范围为 $0 \sim 0.03$。表明日本沼虾不同群体的遗传多样性较低，群体间遗传分化程度较小，系采集的群体均为日本沼虾新品种所致，说明调查的养殖场引进的新品种没有与野杂虾大量混杂。

重点分析了日本沼虾肌肉常规营养成分、氨基酸组成与含量、脂肪酸组成与含量等品质特性。常规营养成分分析发现调查的日本沼虾水分含量为 76.09 g/100 g，灰分含量为 1.30 g/100 g，粗蛋白含量为 20.37 g/100 g，粗脂肪含量为 1.05 g/100 g，总糖含量为

0.28 g/100 g，虾青素含量为0.72 mg/kg，具有高蛋白低脂肪以及富含虾青素的特点。氨基酸组成与含量分析发现日本沼虾共检出17种氨基酸，包括7种必需氨基酸、2种半必需氨基酸、8种非必需氨基酸。调查的日本沼虾总氨基酸含量为17.70 g/100 g，必需氨基酸含量为6.19 g/100 g，必需氨基酸含量占总氨基酸的34.97%。调查的日本沼虾脂肪酸检出12种，其中二十碳五烯酸（EPA）和二十二碳六烯酸（DHA）含量平均分别为82.17 mg/100 g和31.88 mg/100 g。

（四）拟穴青蟹资源状况

1.数量和分布

（1）物种概况

隶属于动物界（Animalia）、节肢动物门（Arthropoda）、软甲纲（Malacostraca）、十足目（Decapoda）、梭子蟹科（Portunidae）、青蟹属（*Scylla*），是我国重要的海水养殖蟹类，截至2021年第一次全国水产养殖种质资源普查时无培育品种。

（2）区域分布

亲本及繁育主体方面：全国共保存拟穴青蟹亲本1.5万只以上，共普查到繁育主体14个，主要分布于浙江、福建、广西、广东等4个省的7个地市。**养殖分布方面**：河北、内蒙古、辽宁、江苏、浙江、福建、山东、河南、广东、广西、海南等省份有养殖分布。

2.特征特性

2021—2023年，第一次全国水产养殖种质资源普查对浙江、福建和江苏的7个调查点的210个拟穴青蟹样本进行了重点分析。遗传多样性分析结果显示，拟穴青蟹核苷酸多态性（π）范围为$1.66 \times 10^{-3} \sim 1.83 \times 10^{-3}$，群体间遗传分化指数（$F_{ST}$）范围为0.001 ~ 0.018，表明拟穴青蟹个体间遗传差异较小，群体间遗传分化程度较低。

重点分析了拟穴青蟹肌肉常规营养成分、氨基酸组成与含量、脂肪酸组成与含量等品质特性。常规营养成分分析发现调查的拟穴青蟹水分含量平均为76.83 g/100 g，灰分含量平均为1.63 g/100 g，粗蛋白含量平均为18.77 g/100 g，粗脂肪含量平均为0.73 g/100 g，总糖含量平均为0.93 g/100 g，具有高蛋白低脂肪的特点。氨基酸组成与含量分析发现所有拟穴青蟹均检测出17种氨基酸，包括7种必需氨基酸、2种半必需氨基酸、8种非必需氨基酸。调查的拟穴青蟹总氨基酸含量平均为14.40 g/100 g，必需氨基酸含量平均为4.90 g/100 g，必需氨基酸含量占总氨基酸的34.03%。调查的拟穴青蟹肌肉中脂肪酸检出13种，其中二十碳五烯酸（EPA）和二十二碳六烯酸（DHA）含量平均分别为 79.80 mg/100 g 和 75.86 mg/100 g。

（五）中华绒螯蟹资源状况

1.数量和分布

（1）物种概况

隶属于动物界（Animalia）、节肢动物门（Arthropoda）、软甲纲（Malacostraca）、十足目（Decapoda）、弓蟹科（Varunidae）、绒螯蟹属（*Eriocheir*），是我国重要的养殖蟹类，截至 2021 年第一次全国水产养殖种质资源普查时已培育中华绒螯蟹"长江 1 号"、中华绒螯蟹"光合 1 号"、中华绒螯蟹"长江 2 号"、中华绒螯蟹"江海 21"、中华绒螯蟹"诺亚 1 号"等品种。

（2）区域分布

亲本及繁育主体方面：全国共保存中华绒螯蟹亲本 440 万只以上，共普查到繁育主体 152 个，主要分布于江苏、辽宁等 9 个省（自治区、直辖市）的 24 个地市。**养殖分布方面**：北京、天津、河北、山西、内蒙古、辽宁、吉林、黑龙江、上海、江苏、浙江、安徽、福建、江西、山东、河南、湖北、湖南、广东、广西、海南、重庆、四川、贵州、云南、陕西、甘肃、青海、宁夏、新疆等全国大多数省份有养殖分布。

2.特征特性

2021—2023 年，第一次全国水产养殖种质资源普查对安徽、辽宁、浙江、江西、江苏和湖北的 6 个调查点的 180 个中华绒螯蟹样本进行了重点分析。生物学特征分析结果表明，根据形态信息数据可以有效开展中华绒螯蟹种质鉴定。遗传多样性分析结果显示，中华绒螯蟹核苷酸多态性（π）范围为 $4.86 \times 10^{-4} \sim 3.06 \times 10^{-3}$，群体间遗传分化指数（$F_{ST}$）范围为 $0.009 \sim 0.014$，这表明中华绒螯蟹群体遗传多样性水平较低。

重点分析了中华绒螯蟹肌肉常规营养成分、氨基酸组成与含量、脂肪酸组成与含量等品质特性。常规营养成分分析发现中华绒螯蟹肌肉水分含量平均为 76.87 g/100 g，灰分含量平均为 1.75 g/100 g，粗蛋白含量平均为 18.17 g/100 g，粗脂肪含量平均为 1.00 g/100 g，总糖含量平均为 1.16 g/100 g，具有高蛋白低脂肪的营养特点。氨基酸组成与含量分析发现中华绒螯蟹共检出 17 种氨基酸，包括 7 种必需氨基酸、2 种半必需氨基酸和 8 种非必需氨基酸。总氨基酸含量平均为 14.48 g/100 g，必需氨基酸含量平均为 5.09 g/100 g，必需氨基酸含量占总氨基酸的 35.15%。脂肪酸组成与含量分析表明中华绒螯蟹肌肉中脂肪酸检出 13 种，其中二十碳五烯酸（EPA）和二十二碳六烯酸（DHA）含量平均分别为 65.55 mg/100 g 和 63.92 mg/100 g。

>>> 第五章
中国贝类养殖种质资源状况

我国贝类养殖历史悠久，汉朝时期就有牡蛎养殖的记载。20世纪90年代以来，我国各地兴起以海湾扇贝养殖为代表的第三次海水养殖浪潮。目前，全国贝类的年产值近千亿元，逐渐成为我国重要的水产养殖种质资源。

第一节　数量和分布

（一）种类数量

我国贝类养殖种质资源136个，包括原种84个、品种45个、引进种7个，占我国全部水产养殖种质资源的15.87%。在这些种质资源中，养殖产业规模较大、养殖较普遍的种质资源有88个，如长牡蛎、栉孔扇贝、海湾扇贝、皱纹盘鲍、菲律宾蛤仔等，占贝类养殖种质资源总数的64.71%，是当前贝类中的"主养种"，贡献了我国贝类养殖总产量的94.82%（图5-1）；其余种质资源养殖规模不大，以地方特色的原种为主，如凸壳肌蛤、中国仙女蛤、岩牡蛎、小刀蛏等，具有较大的开发潜力。这些贝类养殖种质资源有力支撑了我国贝类养殖产业可持续发展。

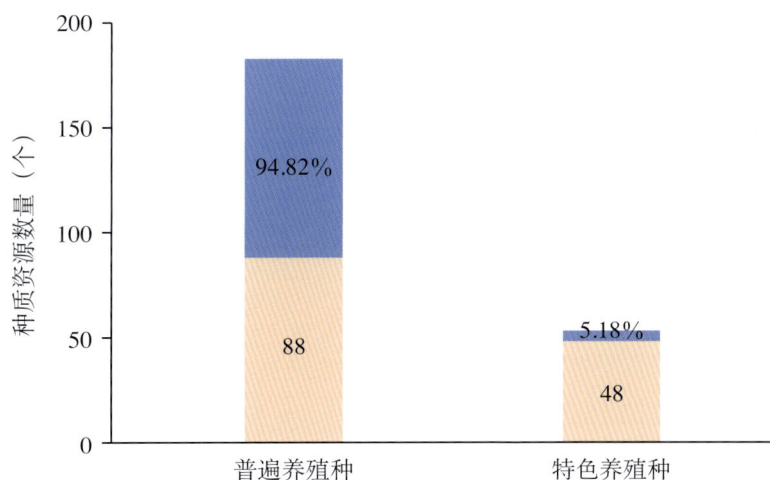

图5-1　贝类普遍养殖种与特色养殖种种质资源数量及产量情况

注：橙色部分为"普遍养殖种"和"特色养殖种"贝类的数量，蓝色部分为"普遍养殖种"和"特色养殖种"贝类的产量占比，相关数据来源于《2021中国渔业统计年鉴》。

1. 贝类养殖种质资源物种数量丰富

贝类养殖种质资源隶属15目、27科、58属、91物种（图5-2），其中帘蛤目物种数量最多（19种），占贝类养殖种质资源的20.88%，主要包括菲律宾蛤仔、文蛤等；蚶目有物种18种，占贝类养殖种质资源的19.78%，主要包括三角帆蚌、褶纹冠蚌、池蝶蚌等；**牡蛎目**有物种12种，占贝类养殖种质资源的13.19%，主要包括长牡蛎、马氏珠母贝等；**新腹足目**有物种6种，占贝类养殖种质资源的6.59%，主要包括方斑东风螺、泥东风螺、管角螺等；**扇贝目**有物种5种，占贝类养殖种质资源的5.49%，主要包括栉孔扇贝、海湾扇贝等；**主扭舌目**有物种5种，占贝类养殖种质资源的5.49%，主要包括中华圆田螺、中国圆田螺等；**其他9个目**物种有26种，占贝类养殖种质资源的28.57%，主要包括皱纹盘鲍、泥蚶、缢蛏等。

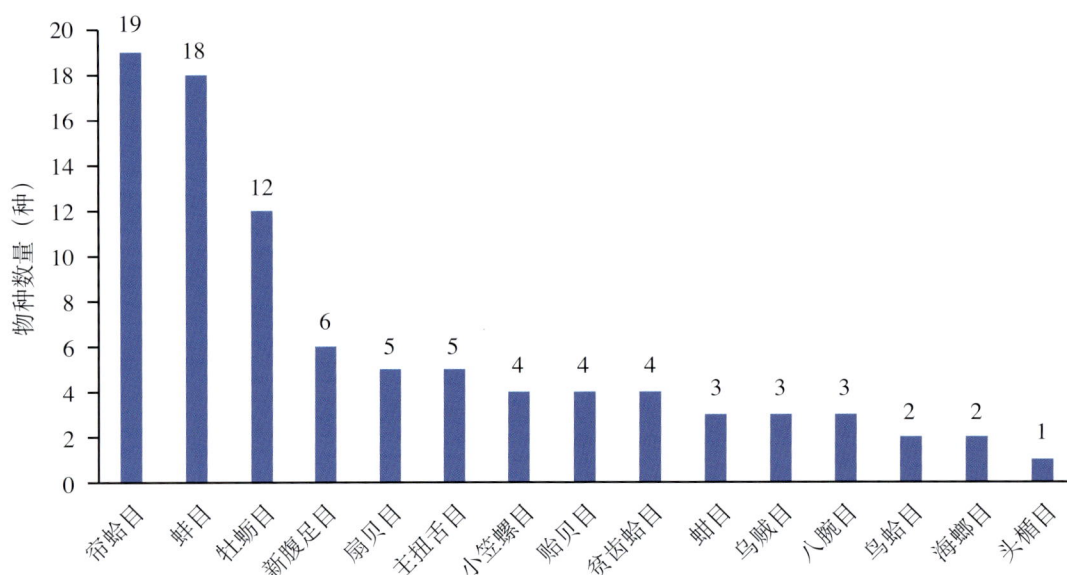

图5-2　贝类养殖种质资源物种组成（按目分）

2.品种是贝类养殖种质资源的重要组成部分

从品种角度看，截至2021年第一次全国水产养殖种质资源普查，贝类已培育品种45个（图5-5），占贝类养殖种质资源总数的33.09%，主要包括9个种类。其中扇贝12个品种，是贝类中品种最多的种质资源，包括"蓬莱红"扇贝、栉孔扇贝"蓬莱红2号"、华贵栉孔扇贝"南澳金贝"等；牡蛎8个品种，包括长牡蛎"海大1号"、长牡蛎"海大2号"、长牡蛎"海大3号"等；蛤7个品种，包括菲律宾蛤仔"斑马蛤"、菲律宾蛤仔"白斑马蛤"、文蛤"科浙1号"等；鲍5个品种，包括"大连1号"杂交鲍、皱纹盘鲍"寻山1号"、绿盘鲍等；蚌5个品种，包括三角帆蚌"申紫1号"、三角帆蚌"浙白1号"、三角帆蚌"申浙3号"等；其他（珠母贝、蛏、蚶、螺）8个品种，包括缢蛏"申浙1号"、泥蚶"乐清湾1号"、方斑东风螺"海泰1号"、马氏珠母贝"海优1号"等。

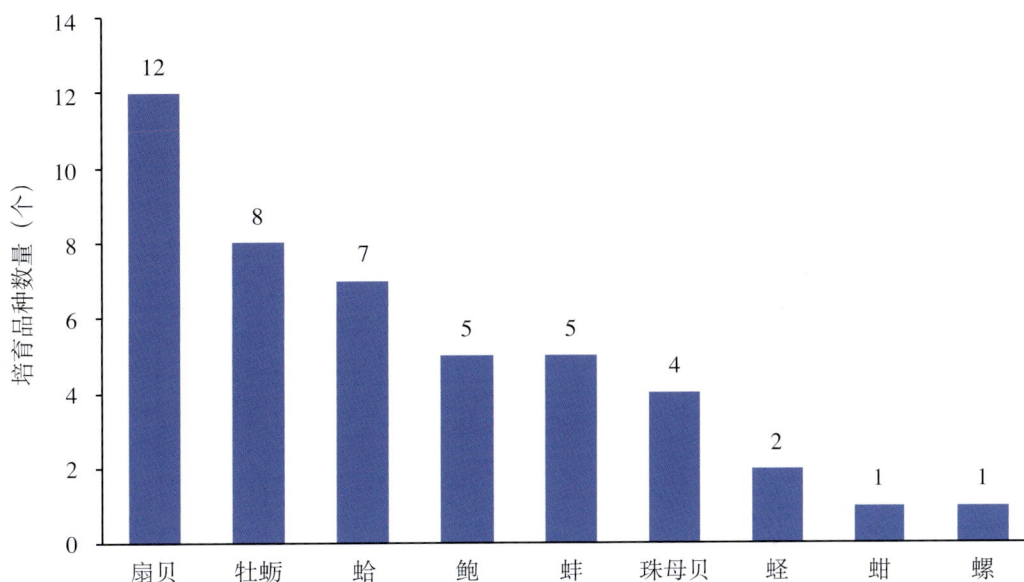

图 5-3 不同类群贝类品种培育情况

3. 引进种是贝类养殖种质资源的重要组成部分

贝类引进种7个，占贝类养殖种质资源的5.15%，再加上利用引进种质培育的新品种11个，共占贝类养殖种质资源的13.24%（图5-4），是贝类养殖种质资源的重要组成部分。部分引进种已经形成较大产业规模，其中海湾扇贝和虾夷扇贝成为我国重要的扇贝养殖种，已培育"中科红"海湾扇贝、海湾扇贝"中科2号"、海湾扇贝"海益丰12"以及海大金贝、虾夷扇贝"獐子岛红"、虾夷扇贝"明月贝"等多个品种。西氏鲍和绿鲍在国内养殖范围相对较小，但以西氏鲍和绿鲍为亲本培育的绿盘鲍和西盘鲍已形成较大养殖规模。

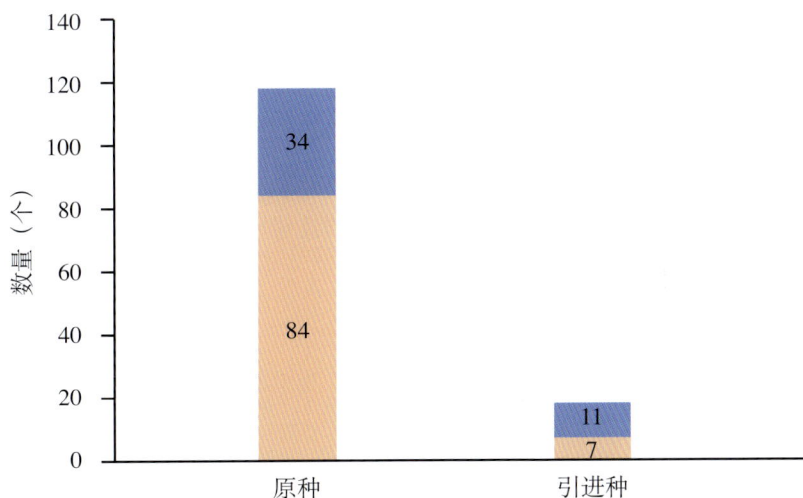

图 5-4 贝类养殖种质资源类型

注：橙色表示种质来源为原种或引进种的数量；蓝色表示以原种或引进种为基础培育的品种数量。

（二）区域分布

普查到的136个贝类养殖种质资源分布在全国370多个县（市、区）的2.5万余家水产养殖主体中。另外，贝类养殖种质资源拥有庞大的种群数量，年均保存亲本57亿粒以上，为我国贝类养殖提供了重要种源保障。

从分布情况看，沿海省份贝类养殖种质资源多于内陆省份。山东贝类养殖种质资源最丰富（53个），浙江、福建、辽宁、广东、广西等沿海省份贝类养殖种质资源数量均超过了38个，江苏贝类养殖种质资源数量也达27种，这与其海岸线较长、拥有得天独厚的滩涂资源和独特的地理环境条件等有关。安徽淡水贝类养殖种质资源较为丰富（25种），以淡水蚌和螺为主，如三角帆蚌、褶纹冠蚌、中华圆田螺等；其他内陆省份贝类养殖种质资源数量均低于10种，其中西北地区无贝类养殖种质资源。

从单个种质资源分布情况看（图5-5），分布范围≥10个省份的贝类养殖种质资源仅有2个，分别为三角帆蚌和中华圆田螺；分布范围5～9个省份的有22个，以海水贝类为主，包括福建牡蛎、海湾扇贝、皱纹盘鲍等；分布范围2～4个省份的有70种，包括栉孔扇贝、虾夷扇贝、杂色鲍等；分布范围仅1个省份的有42种，如红树蚬仅在广西有分布。

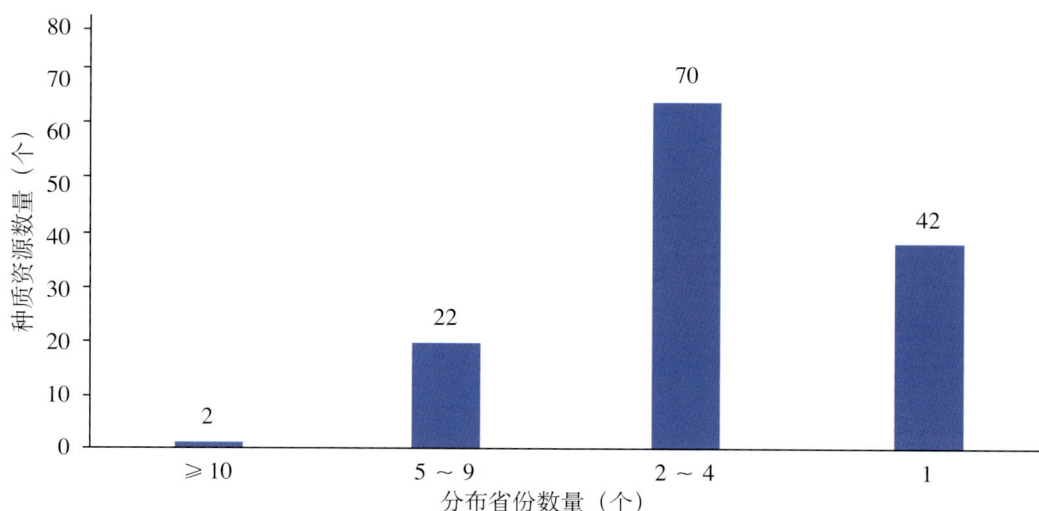

图5-5 贝类养殖种质资源数（按分布省份情况）

第二节 特征特性

2021—2023年，第一次全国水产养殖种质资源普查对辽宁、河北、天津、山东、江苏、浙江、福建、广东、广西、海南、安徽等11个省（自治区、直辖市）的183个调查点的49种海淡水贝类养殖种质资源进行了重点分析。重点分析的贝类分属于14目、21科、35属。分析结果表明，不同贝类种类的遗传多样性水平存在差异，多数都具有较高的核苷酸多态性，大多数调查贝类群体间未出现明显的遗传分化。调查贝类整体上具有高蛋白低脂肪的营养特点；氨基酸种类、含量丰富；脂肪酸检出8～23种，其中厚壳贻贝和彩虹明樱蛤检出种类最多。

（一）形态特征

重点分析了牡蛎目、扇贝目、帘蛤目、蚶目、贻贝目、贫齿蛤目、鸟蛤目、新腹足目、小笠螺目、头楯目、乌贼目、八腕目、蚌目、主扭舌目的贝类养殖种质资源可量性状比例。结果（图5-6）表明，牡蛎、扇贝、蛤、蚶、蛏和蚌类的壳宽/壳长为0.17～0.89（总体平均0.50），壳高/壳长为0.11～2.15（总体平均0.82）；螺类的壳高/壳宽为0.63～

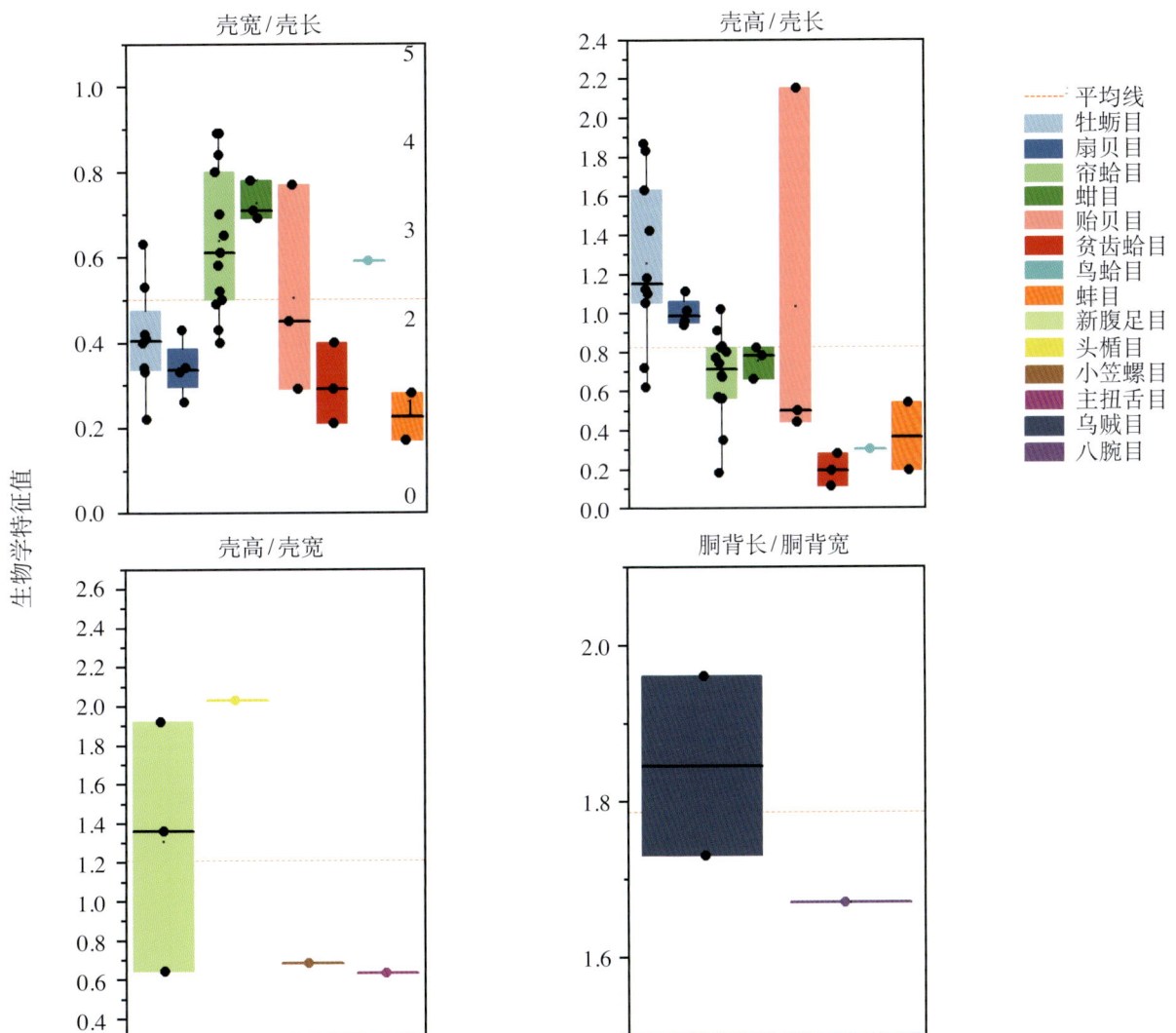

图5-6　贝类养殖种质资源形态学特征

2.03（总体平均1.21）；乌贼和长蛸的平均胴背长/胴背宽为1.79，平均端器长/茎化腕长为0.16。多数调查贝类养殖群体的可量性状与已有的行业标准或文献基本接近，表明养殖贝类的形态性状相对稳定。一些种类，同种不同群体间可量性状存在一定差异，如文登群体的栉孔扇贝壳高/壳长值显著高于长岛、青岛和威海群体，说明养殖环境或选育工作对贝类的形态性状有一定影响。

（二）遗传多样性

对调查贝类样本进行了基因组重测序，分析了遗传多样性相关指标（图5-7）。数

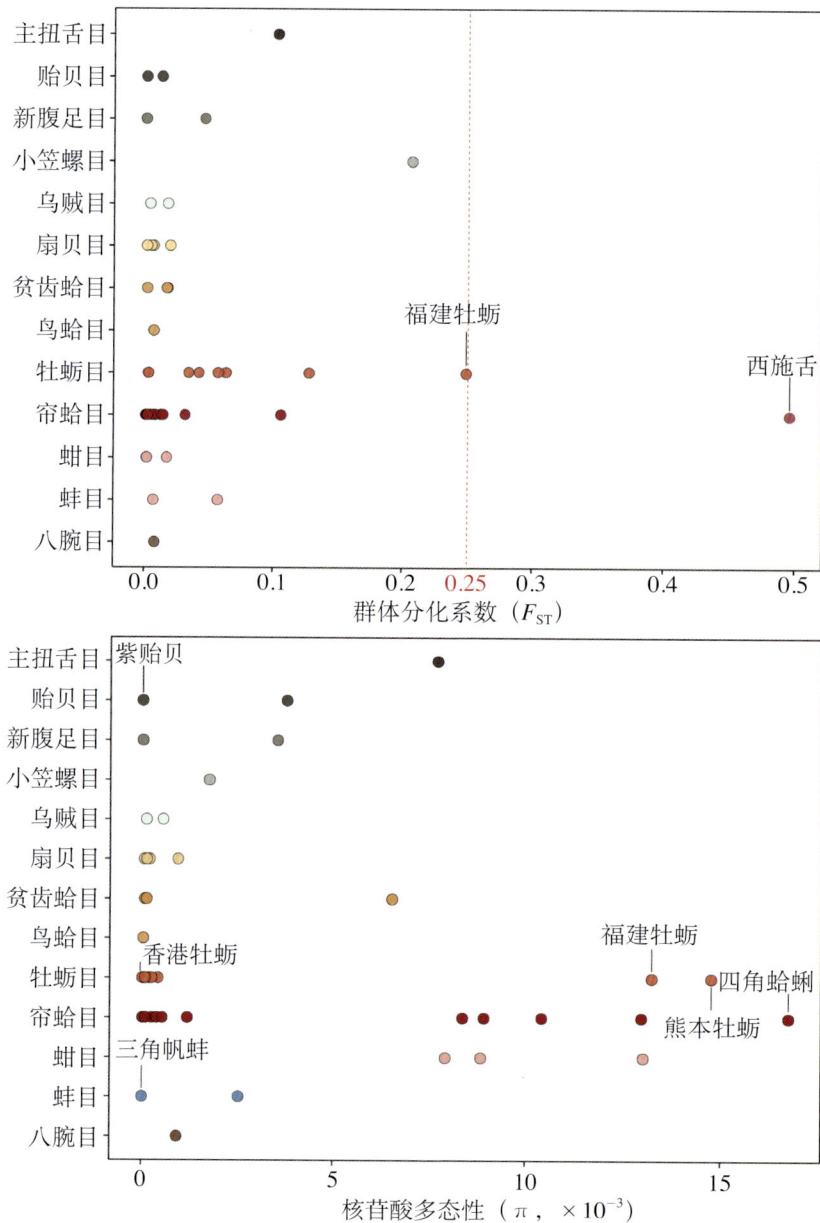

图5-7 贝类养殖种质资源遗传多样性指标

据分析显示，不同种类的遗传多样性水平不同，群体间遗传分化程度也存在差异。总体上，多数贝类都具有较高的核苷酸多态性，核苷酸多态性（π）范围为 6.16×10^{-6} ～ 1.67×10^{-2}。同一个目中，不同物种也表现出较为多样的遗传多样性水平，如牡蛎目、帘蛤目的不同物种均发现跨度较大的 π 值。此外，调查贝类群体间遗传分化指数（F_{ST}）范围为 0.001 ～ 0.496，大部分物种未出现明显的群体遗传分化，群体间出现高度遗传分化的物种是西施舌。

（三）品质特性

重点分析了贝类常规营养成分、氨基酸组成与含量、脂肪酸组成与含量等品质特性。常规营养成分分析发现调查的贝类水分含量平均为 79.96 g/100 g，灰分含量平均为 2.28 g/100 g，粗蛋白含量平均为 13.17 g/100 g，粗脂肪含量平均为 1.30 g/100 g，总糖含量平均为 2.34 g/100 g，大多具有高蛋白低脂肪的特点。所有调查的贝类均检测出 17 种氨基酸，包括 7 种必需氨基酸、2 种半必需氨基酸、8 种非必需氨基酸。调查的养殖贝类总氨基酸含量平均为 9.09 g/100 g，必需氨基酸含量平均为 3.25 g/100 g，必需氨基酸含量占总氨基酸的 23.3% ～ 44.9%。调查的贝类中脂肪酸检出 8 ～ 23 种，其中二十碳五烯酸（EPA）和二十二碳六烯酸（DHA）含量平均分别为 67.55 mg/100 g、76.69 mg/100 g。总体而言，重点分析的贝类养殖种质资源含有丰富的不饱和脂肪酸。

第三节　代表性物种资源状况

根据《2023 中国渔业统计年鉴》数据，兼顾贝类产业发展特色，选取 5 种贝类作为代表性物种进行详细介绍，包括长牡蛎、栉孔扇贝、皱纹盘鲍、菲律宾蛤仔和缢蛏。

（一）长牡蛎资源状况

1.数量和分布

（1）物种概况

隶属于动物界（Animalia）、软体动物门（Mollusca）、双壳纲（Bivalvia）、牡蛎目（Ostreida）、牡蛎科（Ostreidae）、巨牡蛎属（*Crassostrea*），是我国重要的海水养殖贝类，截至 2021 年第一次全国水产养殖种质资源普查时已培育长牡蛎"海大 1 号"、长牡蛎"海大 2 号"、长牡蛎"海大 3 号"、长牡蛎"鲁益 1 号"、长牡蛎"海蛎 1 号"等品种。

（2）区域分布

亲本及繁育主体方面：全国共保存长牡蛎亲本370万粒以上，共普查到74个繁育主体，主要分布于山东、辽宁、福建、广东等4个省的7个地市。**养殖分布方面**：辽宁、江苏、浙江、福建、山东等部分沿海省份有养殖分布。

2.特征特性

2021—2023年，第一次全国水产养殖种质资源普查对山东省的6个调查点的180个长牡蛎样本进行了重点分析。分析了长牡蛎养殖种质资源可量性状比例，发现群体间壳形指数存在显著分化。遗传多样性分析结果显示，长牡蛎核苷酸多态性（π）范围为$6.49 \times 10^{-5} \sim 1.15 \times 10^{-4}$，群体间遗传分化指数（$F_{ST}$）范围为0.047 ～ 0.200，说明选育在一定程度上降低了长牡蛎的遗传多样性水平，同时一些群体间发生了一定程度的遗传分化。

重点分析了长牡蛎软体部常规营养成分、氨基酸组成与含量、脂肪酸组成与含量等品质特性。常规营养成分分析发现长牡蛎水分含量平均为77.40 g/100 g，灰分含量平均为1.91 g/100 g，粗蛋白含量平均为10.30 g/100 g，粗脂肪含量平均为3.50 g/100 g，总糖含量平均为5.05 g/100 g，具有高蛋白低脂肪的特点。氨基酸组成与含量分析发现长牡蛎软体部中有17种氨基酸，包括7种必需氨基酸、2种半必需氨基酸和8种非必需氨基酸。长牡蛎总氨基酸含量平均为5.93 g/100 g，必需氨基酸含量平均为2.14 g/100 g，必需氨基酸含量占总氨基酸的36.09 %。脂肪酸组成与含量分析发现长牡蛎软体部中包含14种脂肪酸，其中二十碳五烯酸（EPA）和二十二碳六烯酸（DHA）含量平均分别为232.09 mg/100 g和210.78 mg/100 g。

（二）栉孔扇贝资源状况

1.数量和分布

（1）物种概况

隶属于动物界（Animalia）、软体动物门（Mollusca）、双壳纲（Bivalvia）、扇贝目（Pectinida）、扇贝科（Pectinidae）、栉孔扇贝属（*Chlamys*），是我国重要的海水养殖贝类，截至2021年第一次全国水产养殖种质资源普查时已培育"蓬莱红"扇贝、栉孔扇贝"蓬莱红2号"等品种。

（2）区域分布

亲本及繁育主体方面：全国共保存栉孔扇贝亲本7500万粒以上，共普查到7个繁育主体，主要分布于山东和辽宁2个省的3个地市。**养殖分布方面**：辽宁、山东、浙江等部分沿海省份有养殖分布。

2.特征特性

2021—2023年，第一次全国水产养殖种质资源普查对山东的6个调查点的180个栉孔扇贝样本进行了重点分析。遗传多样性分析结果显示，栉孔扇贝核苷酸多态性（π）范围为$1.80\times10^{-4}\sim2.00\times10^{-4}$，群体间遗传分化指数（$F_{ST}$）范围为$0\sim0.0578$，这表明栉孔扇贝群体遗传多样性水平较低，遗传选育与频繁的苗种交流在一定程度上降低了栉孔扇贝群体的遗传多样性水平，选育群体与自然群体已出现明显的遗传分化。

重点分析了栉孔扇贝肌肉组织常规营养成分、氨基酸组成与含量、脂肪酸组成与含量等品质特性。常规营养成分分析发现栉孔扇贝水分含量平均为78.40 g/100 g，灰分含量平均为0.74 g/100 g，粗蛋白含量平均为17.59 g/100 g，粗脂肪含量平均为0.39 g/100 g，总糖含量平均为1.02g/100g，具有高蛋白低脂肪的特点。氨基酸组成与含量分析发现栉孔扇贝闭壳肌中有17种氨基酸，包括7种必需氨基酸、2种半必需氨基酸和8种非必需氨基酸。栉孔扇贝总氨基酸含量平均为14.80 g/100 g，必需氨基酸含量平均为5.57 g/100 g，必需氨基酸含量占总氨基酸的37.64%。脂肪酸组成与含量分析发现栉孔扇贝闭壳肌中包含17种脂肪酸，其中二十碳五烯酸（EPA）和二十二碳六烯酸（DHA）含量平均分别为44.15 mg/100 g和99.00 mg/100 g。

（三）皱纹盘鲍资源状况

1.数量和分布

（1）物种概况

隶属于动物界（Animalia）、软体动物门（Mollusca）、腹足纲（Gastropoda）、小笠螺目（Lepetellida）、鲍科（Haliotidae）、鲍属（*Haliotis*），是我国重要的海水养殖贝类，截至2021年第一次全国水产养殖种质资源普查时已培育"大连1号"杂交鲍、皱纹盘鲍"寻山1号"、绿盘鲍、西盘鲍等品种。

（2）区域分布

亲本及繁育主体方面：全国共保存皱纹盘鲍亲本242万粒以上，共普查到繁育主体322个，主要分布于广西、福建、山东、辽宁等4个省份的10个地市。**养殖分布方面：**辽宁、江苏、福建、山东、广东等省份有养殖分布。

2.特征特性

2021—2023年，第一次全国水产养殖种质资源普查对福建共6个调查点的180个皱纹盘鲍样本进行了重点分析。遗传多样性分析结果显示，皱纹盘鲍群体核苷酸多态性（π）范围为 $2.00 \times 10^{-5} \sim 2.90 \times 10^{-3}$，群体间遗传分化指数（$F_{ST}$）范围为 0.028 ~ 0.378，这表明，皱纹盘鲍调查群体遗传多样性整体较为丰富，但群体间存在差异，一些群体间的遗传分化达到中等程度。

品质特性分析结果显示，皱纹盘鲍水分含量平均为 76.77 g/100 g，灰分含量平均为 1.75 g/100 g，粗蛋白含量平均为 17.97 g/100 g，粗脂肪含量平均为 0.81 g/100 g，总糖含量平均为 1.83 g/100 g，具有高蛋白低脂肪的特点。调查的皱纹盘鲍中共检出 17 种氨基酸，包括 7 种必需氨基酸、2 种半必需氨基酸和 8 种非必需氨基酸。总氨基酸含量平均为 18.85 g/100 g，必需氨基酸含量平均为 5.22 g/100 g，必需氨基酸含量占总氨基酸的 27.69 %。调查的皱纹盘鲍中脂肪酸检出 18 种，其中二十碳五烯酸（EPA）和二十二碳六烯酸（DHA）含量平均分别为 30.03 mg/100 g 和 26.1 mg/100 g。

（四）菲律宾蛤仔资源状况

1. 数量和分布

（1）物种概况

隶属于动物界（Animalia）、软体动物门（Mollusca）、双壳纲（Bivalvia）、帘蛤目（Veneroida）、帘蛤科（Veneridae）、蛤仔属（*Ruditapes*），是我国重要的海水养殖贝类，截至 2021 年第一次全国水产养殖种质资源普查时已培育菲律宾蛤仔"斑马蛤"、菲律宾蛤仔"白斑马蛤"、菲律宾蛤仔"斑马蛤 2 号"等品种。

（2）区域分布

亲本及繁育主体方面：全国共保存蛤仔亲本 42 亿粒以上，共普查到 195 个繁育主体，主要分布于福建、浙江、辽宁、山东、天津等 5 个省（直辖市）的 12 个地市。**养殖分布方面：**天津、河北、辽宁、江苏、浙江、福建、山东、广东、广西等主要沿海省份有养殖分布。

2. 特征特性

2021—2023 年，第一次全国水产养殖种质资源普查对辽宁和山东的 3 个调查点的 90 个菲律宾蛤仔样本进行了重点分析。遗传多样性分析结果显示，菲律宾蛤仔群体核苷酸多态性（π）范围是 $1.01 \times 10^{-2} \sim 1.06 \times 10^{-2}$，群体间遗传分化指数（$F_{ST}$）范围为 0.022 ~ 0.037，菲律宾蛤仔群体遗传多样性水平在所调查的贝类中相对丰富，群体间存在较小程度的遗传分化。

重点分析了菲律宾蛤仔软体部常规营养成分、氨基酸组成与含量、脂肪酸组成与含量等品质特性。常规营养成分分析发现调查的菲律宾蛤仔软体部水分含量平均为82.11 g/100 g，灰分含量平均为3.56 g/100 g，粗蛋白含量平均为10.72 g/100 g，粗脂肪含量平均为0.94 g/100 g，总糖含量平均为1.88 g/100 g，具有高蛋白低脂肪的特点。调查的菲律宾蛤仔共检出17种氨基酸，包括7种必需氨基酸、2种半必需氨基酸和8种非必需氨基酸。调查的菲律宾蛤仔总氨基酸含量平均为6.59 g/100 g，必需氨基酸含量平均为2.41 g/100 g，必需氨基酸含量占总氨基酸的36.57%。调查的菲律宾蛤仔中脂肪酸检出15种，其中二十碳五烯酸（EPA）和二十二碳六烯酸（DHA）含量平均分别为22.39 mg/100 g和47.76 mg/100 g。

（五）缢蛏资源状况

1. 数量和分布

（1）物种概况

隶属于动物界（Animalia）、软体动物门（Mollusca）、双壳纲（Bivalvia）、贫齿蛤目（Adapedonta）、灯塔蛤科（Pharidae）、缢蛏属（Sinonovacula），是我国重要的海水养殖贝类，截至2021年第一次全国水产养殖种质资源普查时已培育缢蛏"申浙1号"和缢蛏"甬乐1号"等品种。

（2）区域分布

亲本及繁育主体方面：全国共保存缢蛏亲本9413万粒以上，共普查到繁育主体102个，主要分布于福建、浙江、山东3个省的7个地市。**养殖分布方面：**河北、辽宁、江苏、浙江、福建、山东、河南、广东、广西等省份有养殖分布。

2. 特征特性

2021—2023年，第一次全国水产养殖种质资源普查分别对山东、江苏、辽宁、浙江和福建的6个调查点的180个养殖缢蛏样本进行了重点分析。遗传多样性分析结果显示，缢蛏不同群体核苷酸多态性（π）范围为$1.21 \times 10^{-4} \sim 1.49 \times 10^{-4}$，群体间遗传分化指数（$F_{ST}$）范围为$0 \sim 0.004$，这表明缢蛏调查群体遗传多样性水平较低，群体间遗传分化程度较小。

重点分析了缢蛏斧足常规营养成分、氨基酸组成与含量、脂肪酸组成与含量等品质特性。常规营养成分分析发现调查的缢蛏斧足水分含量平均为81.13 g/100 g，灰分含量平均为1.24 g/100 g，粗蛋白含量平均为13.22 g/100 g，粗脂肪含量平均为1.11 g/100 g，总糖含量平均为2.20 g/100 g，具有高蛋白低脂肪的特点。调查的缢蛏中共检出17种氨基酸，包括7种必需氨基酸、2种半必需氨基酸和8种非必需氨基酸。调查的缢蛏总氨基酸含量平均为9.63 g/100 g，必需氨基酸含量平均为3.46 g/100 g，必需氨基酸含量占总氨基酸的35.93%。调查的缢蛏中脂肪酸检出20种，其中二十碳五烯酸（EPA）和二十二碳六烯酸（DHA）含量平均分别为65.43 mg/100 g和78.14 mg/100 g。

>>> 第六章
中国藻类养殖种质资源状况

藻类养殖在中国有着悠久的历史，唐朝时期就开始了藻类的人工养殖。20世纪50年代，自然光育苗和海带筏式养殖两大技术的突破推动了海带规模化养殖产业的兴起；60年代，建立了坛紫菜人工采苗和养殖技术；90年代逐渐完善了裙带菜全人工育苗技术。目前，我国藻类养殖产量占全球产量的1/3以上。

第一节　数量和分布

（一）种类数量

我国藻类养殖种质资源41个，包括原种17个、品种23个、引进种1个，占我国全部水产养殖种质资源的4.78%。在这些藻类养殖种质资源中，养殖产业规模较大、养殖较普遍的种质资源有32个，如海带、条斑紫菜、坛紫菜、龙须菜等，占藻类养殖种质资源总数的78.05%，是当前藻类中的"主养种"，贡献了我国藻类养殖总产量的92.10%；其余种质资源养殖规模不大，以地方特色的原种为主，如红毛菜、琼枝、角叉菜等。这些藻类养殖种质资源有力支撑了我国藻类养殖产业可持续发展。

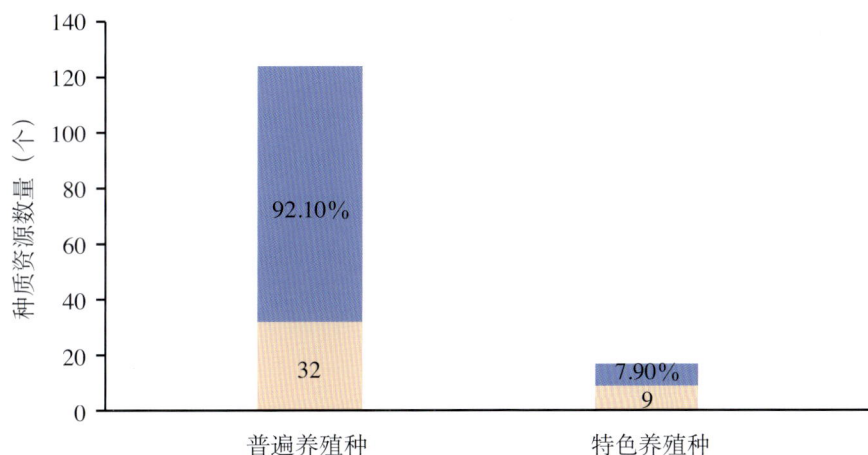

图6-1　藻类普遍养殖种与特色养殖种种质资源数量及产量情况

注：橙色部分为"普遍养殖种"和"特色养殖种"藻类的数量，蓝色部分为"普遍养殖种"和"特色养殖种"藻类的产量占比，相关数据来源于《2021中国渔业统计年鉴》。

1.藻类养殖种质资源物种数量丰富

藻类养殖种质资源隶属8目、9科、13属、18物种，其中江蓠目物种数量最多（5种），占藻类物种的27.78%，包括龙须菜、脆江蓠、细基江蓠繁枝变种、异枝江蓠、菊花心江蓠；杉藻目有物种4种，占藻类物种的22.22%，包括琼枝、角叉菜、麒麟菜、长心卡帕藻；**红毛菜目**有物种3种，占藻类物种的16.67%，包括条斑紫菜、坛紫菜、红毛菜；**海带目**有物种2种，占藻类物种的11.11%，包括海带、裙带菜；**其他4个目**各有物种1种，分别为羊栖菜、鼠尾藻、浒苔、钝顶节旋藻。

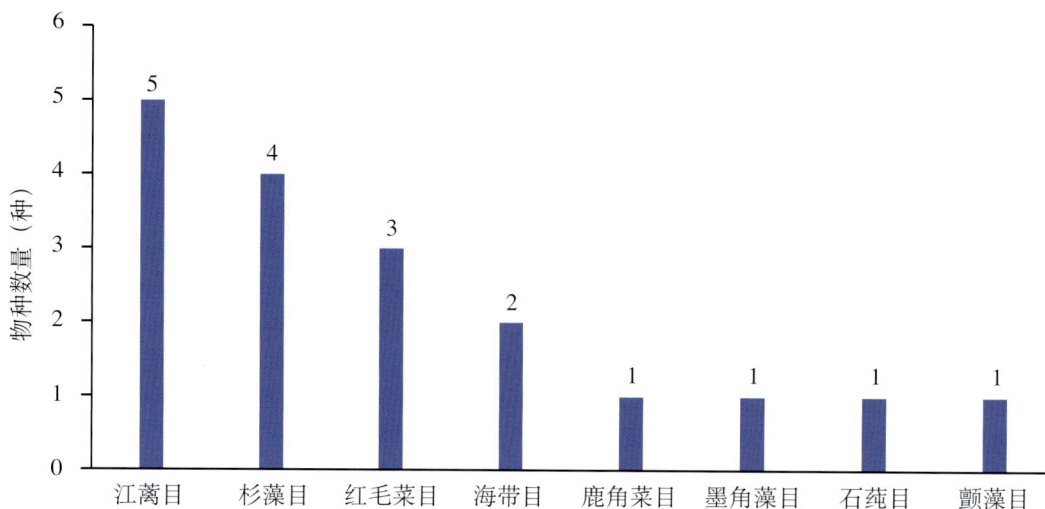

图6-2 藻类养殖种质资源物种组成（按目分）

2.品种是藻类养殖种质资源的重要组成部分

从品种角度看，截至2021年第一次全国水产养殖种质资源普查，藻类已培育品种23个，占藻类养殖种质资源总数的56.10%，主要包括4个种类，其中海带11个品种，是藻类中品种最多的种质资源，包括"901"海带、"荣福"海带、"东方2号"杂交海带等；紫菜7个品种，包括条斑紫菜"苏通1号"、条斑紫菜"苏通2号"以及坛紫菜"申福1号"、坛紫菜"闽丰1号"等；龙须菜3个品种，包括"981"龙须菜、龙须菜"2007"、龙须菜"鲁龙1号"；裙带菜2个品种，包括裙带菜"海宝1号"、裙带菜"海宝2号"。

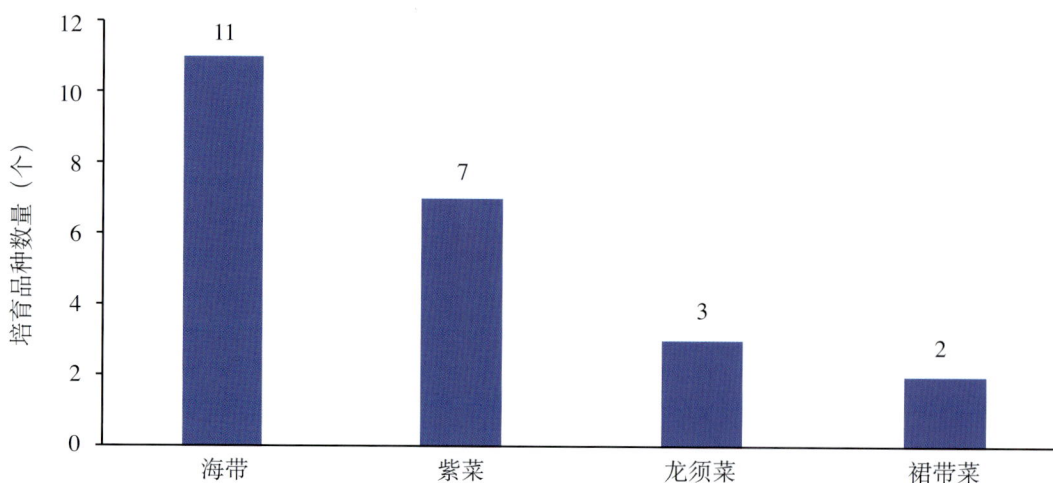

图6-3 不同种类藻类品种培育情况

3.引进种是藻类养殖种质资源的重要组成部分

藻类引进种有海带1种，占藻类养殖种质资源总数的2.44%，但以海带引进种为基础培育的品种有11个，共占藻类养殖种质资源总数的29.27%，是藻类养殖种质资源的重要组成部分。随着国内品种培育工作的持续发展，我国海带产量稳步增长，海带产量由2017年的148.66万t上升到2020年的165.16万t，占全国藻类产量的一半以上。

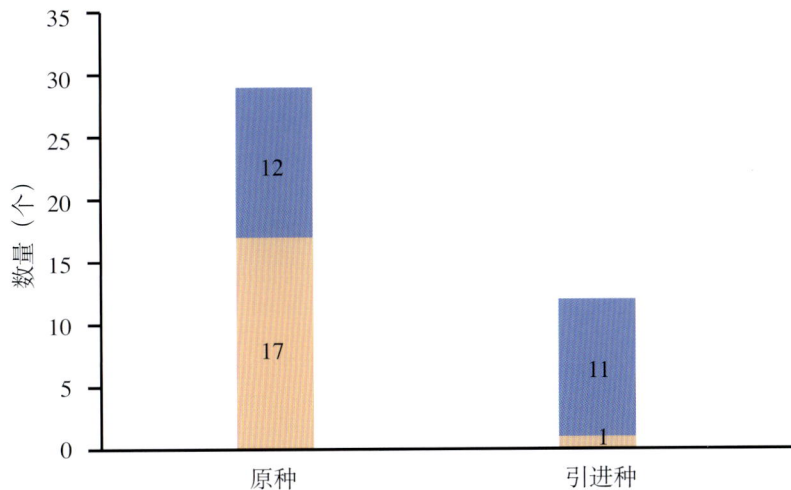

图6-4　藻类养殖种质资源类型

注：橙色表示种质来源为原种或引进种的数量；蓝色表示以原种或引进种为基础培育的品种数量。

（二）区域分布

普查到的41个藻类养殖种质资源分布在全国90多个县（市、区）的3000余家水产养殖主体中。另外，藻类养殖种质资源拥有庞大的种群数量，年均保存亲本8900万个，为我国藻类养殖提供了重要种源保障。

从分布情况看，藻类养殖种质资源主要分布在各沿海省份。其中山东藻类养殖种质资源最丰富（19个）。作为中国主要的藻类生产地之一，山东省拥有丰富的海岸线资源和适宜的气候环境，可供藻类养殖的面积也较广，藻类产量和销售量居全国前列；福建（17个）、浙江（12个）、辽宁（7个）等沿海省份藻类养殖种质资源也非常丰富，这与其海岸线较长和独特的地理环境条件等有关；除部分内陆省份有淡水藻类——钝顶节旋藻外，其他内陆省份均无藻类养殖种质资源。

从单个种质资源分布情况（图6-5）看，藻类养殖种质资源主要分布在沿海部分省份。分布范围最广的为淡水藻类养殖种质资源——钝顶节旋藻（8个），分布在内蒙古、江苏、浙江、福建、江西、广西、云南、宁夏等省份；分布范围为5～7个省份的有2

个，分别为海带和坛紫菜；分布范围为2～4个省份的有14种，包括条斑紫菜、裙带菜、龙须菜等；分布范围仅1个省份的有24种，如红毛菜仅在福建有分布，琼枝、角叉菜仅分布在海南。

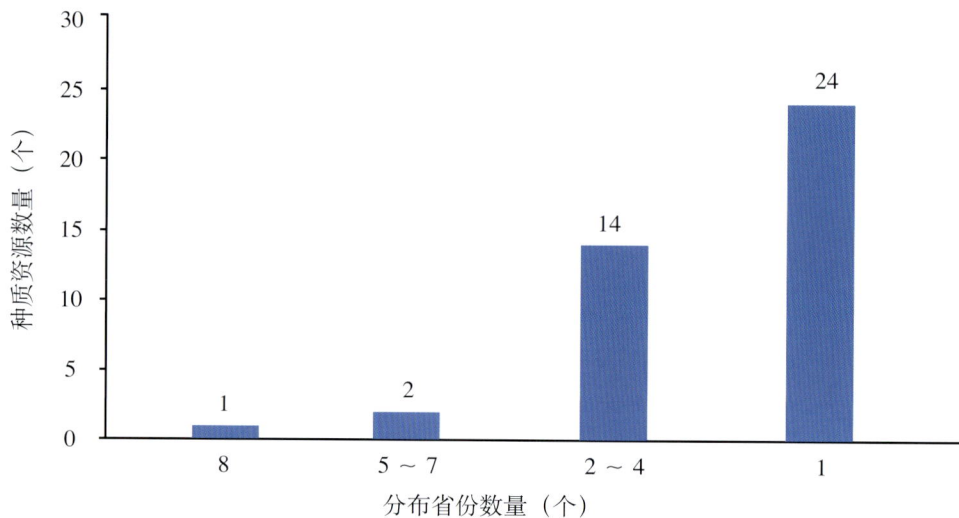

图6-5 藻类养殖种质资源数（按分布省份情况）

第二节 特征特性

2021—2023年，第一次全国水产养殖种质资源普查对山东、福建、江苏、浙江、辽宁、海南、广东7个省的42个调查点的海带、裙带菜、羊栖菜、鼠尾藻、坛紫菜、条斑紫菜等大型藻类养殖种质资源进行了重点分析。分析结果表明，藻类是一类高活性多糖、高蛋白、低脂肪的健康食品来源，呈味氨基酸含量丰富，且富含甘露醇等活性物质。坛紫菜、条斑紫菜等具有较高水平的遗传资源基础；而龙须菜、麒麟菜等种质遗传资源多样性偏低。

（一）形态特征

重点分析了主要养殖经济海藻的可量性状比例，根据藻形态的差异，可量性状比例分为体长/体宽和主茎长/主茎直径。结果显示，海带、裙带菜、坛紫菜、条斑紫菜和麒麟菜的体长/体宽分别为6.34、2.62、6.46、4.41和1.45；龙须菜、菊花心江蓠、羊栖菜和鼠尾藻的主茎长/主茎直径分别为341.65、6.13、273.49和167.2。另外，海带和裙带菜形态最大、单棵海藻最重，其次为麒麟菜、龙须菜等，重量和产量是养殖藻类良种筛选的最重要经济性状之一。以食用为主的裙带菜、坛紫菜和条斑紫菜等，叶片厚薄也是重要的指标之一。

（二）遗传多样性

对调查的大型经济海藻鉴定全基因组单核苷酸多态性位点，并使用多种群体遗传学指标评估遗传多样性水平（图6-6）。其中，重要大型经济海藻核苷酸多态性（π）范围为$9.10 \times 10^{-5} \sim 4.73 \times 10^{-3}$，群体间遗传分化指数（$F_{ST}$）范围是$0.008 \sim 0.302$。基于这两个关键的遗传多样性指标，数据分析显示，鼠尾藻和海带具有较高的遗传多样性，说明这些物种具有较高水平的遗传资源基础，预期现有种质资源可以较好地支撑进一步的种质培育；但相对而言，羊栖菜、麒麟菜等具有较低的遗传多样性。

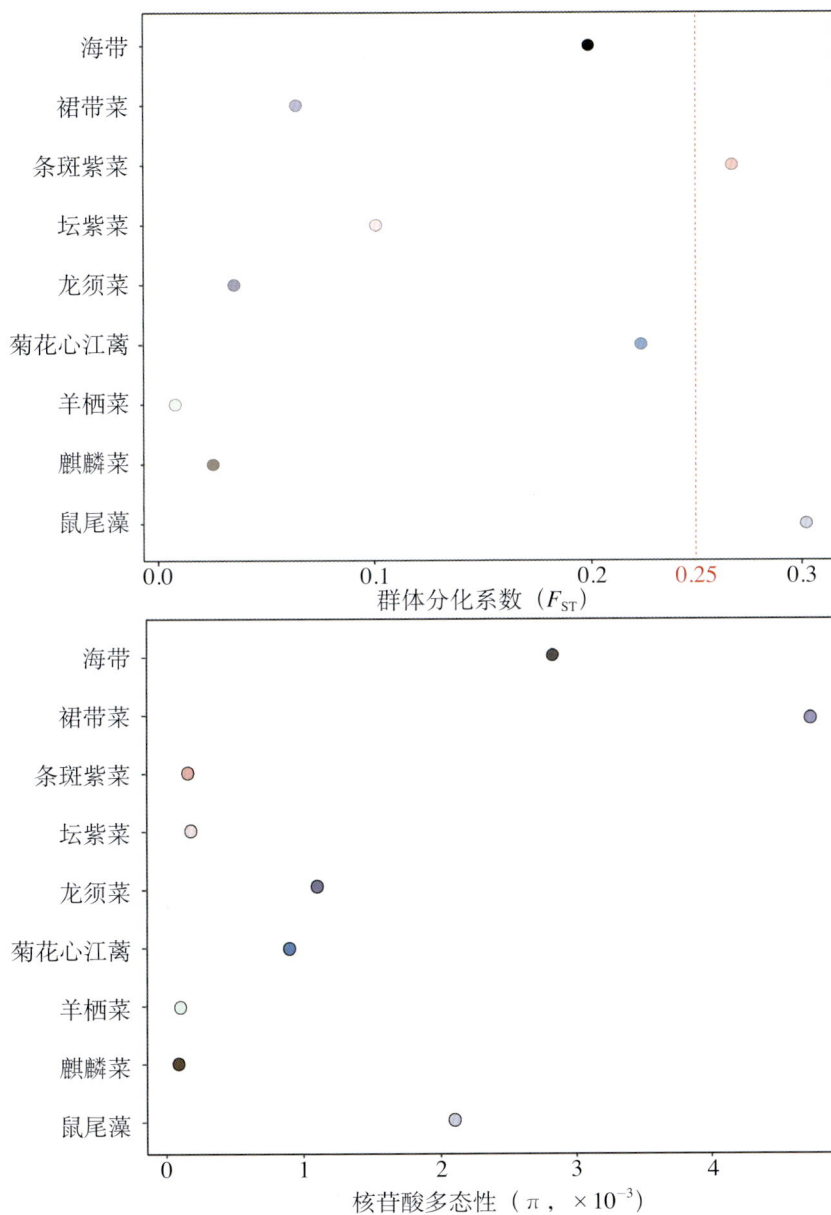

图6-6　藻类养殖种质资源遗传多样性分析

（三）品质特性

重点分析了主要经济藻类的常规营养成分、氨基酸组成与含量等品质性状。常规营养成分分析发现主要经济藻类水分含量平均为86.65%，总蛋白含量平均为23.26 g/100 g（干重），总脂含量平均为2.50 g/100 g（干重），总糖含量平均为21.26 g/100 g（干重），甘露醇含量平均为7.29 g/100 g（干重），碘含量平均为0.25 g/100 g（干重）。藻类主要营养成分含量差异较大，其中红藻和绿藻的平均蛋白质含量高于褐藻，褐藻和绿藻的脂肪含量低于红藻。氨基酸组成与含量分析发现所调查藻类共检出17种氨基酸，包括7种必需氨基酸、2种半必需氨基酸和8种非必需氨基酸。调查的藻类总游离氨基酸含量平均为0.67 g/100 g（干重），游离必需氨基酸含量平均为0.06 g/100 g（干重），必需氨基酸含量占总氨基酸的8.96%。

第三节　代表性物种资源状况

根据《2023中国渔业统计年鉴》数据，兼顾藻类特征，选取3种藻类作为代表性物种进行详细介绍，包括海带、坛紫菜和龙须菜。

（一）海带资源状况

1.数量和分布

（1）物种概况

隶属于色藻界（Chromista）、褐藻门（Heterokontophyta）、褐藻纲（Phaeophyceae）、海带目（Laminariales）、海带科（Laminariaceae）、糖藻属（*Saccharina*），是我国重要的水产养殖藻类，截至2021年第一次全国水产养殖种质资源普查时已培育"901"海带、"荣福"海带、"东方2号"杂交海带、杂交海带"东方3号"、"爱伦湾"海带、海带"黄官1号"、"三海"海带、海带"东方6号"、海带"205"、海带"东方7号"、海带"中宝1号"11个品种。

（2）区域分布

亲本及繁育主体方面：全国共保存海带亲本18万株以上，共普查到繁育主体32个，主要分布于山东、福建、辽宁3个省的6个地市。**养殖分布方面**：辽宁、浙江、福建、山东、广东等沿海省份有养殖分布。

2.特征特性

2021—2023年，第一次全国水产养殖种质资源普查对山东、福建、辽宁的12个调查点的9个群体的海带样本进行了重点分析。遗传多样性分析结果显示，海带核苷酸多态性（π）范围为 $1.56 \times 10^{-3} \sim 3.37 \times 10^{-3}$，群体间遗传分化指数（$F_{ST}$）范围为 $0.036 \sim 0.413$，这表明海带的遗传多样性水平较高，种源较为丰富，具有较高水平的遗传资源基础。

品质特性分析结果显示海带水分含量平均为90.21%，总蛋白含量平均为14.84 g/100 g（干重），总脂含量平均为3.41 g/100 g（干重），总糖含量平均为8.48 g/100 g（干重），甘露醇含量平均为5.62 g/100 g（干重），碘含量平均为0.22 g/100 g（干重），具有低脂的特点；共检出17种游离氨基酸，包括7种必需氨基酸、2种半必需氨基酸和8种非必需氨基酸，必需氨基酸和总氨基酸含量分别为0.07 g/100 g（干重）和0.78 g/100 g（干重），必需氨基酸含量占总氨基酸的8.97%。另外，海带富含褐藻胶等活性成分。

（二）坛紫菜资源状况

1.数量和分布

（1）物种概况

隶属于植物界（Plantae）、红藻门（Rhodophyta）、红毛菜纲（Bangiophyceae）、红毛菜目（Bangiales）、红毛菜科（Bangiaceae）、紫菜属（*Neoporphyra*），是我国重要的水产养殖藻类，截至2021年第一次全国水产养殖种质资源普查时已培育坛紫菜"申福1号"、坛紫菜"闽丰1号"、坛紫菜"申福2号"、坛紫菜"浙东1号"、坛紫菜"闽丰2号"5个品种。

（2）区域分布

亲本及繁育主体方面： 全国共保存坛紫菜亲本5480万株以上，共普查到繁育主体96个，主要分布于福建、浙江、广东3个省的11个地市。**养殖分布方面：** 江苏、浙江、福建、山东、广东等省份有养殖分布。

2.特征特性

2021—2023年，第一次全国水产养殖种质资源普查对福建、浙江、江苏3省的6个调查点的6个群体的坛紫菜样本进行了重点分析。遗传多样性分析结果显示，坛紫菜核苷酸多态性（π）范围为 $1.78 \times 10^{-4} \sim 1.98 \times 10^{-4}$，群体间遗传分化指数（$F_{ST}$）范围为 $0.011 \sim 0.158$，表明坛紫菜群体遗传多样性水平中等，群体间存在中低程度的遗传分化。

品质特性分析结果显示，坛紫菜水分含量平均为92.47%，总蛋白含量平均为

37.45 g/100 g（干重），总脂含量平均为4.54 g/100 g（干重），总糖含量平均为35 g/100 g（干重），甘露醇含量平均为2.46 g/100 g（干重），碘含量平均为0.07 g/100 g（干重），具有低脂的特点；共检出16种游离氨基酸，包括6种必需氨基酸、2种半必需氨基酸和8种非必需氨基酸，必需氨基酸和总氨基酸含量分别为0.07 g/100 g（干重）和0.68 g/100 g（干重），必需氨基酸含量占总氨基酸的10.29%。而且，谷氨酸和丙氨酸等呈味氨基酸的含量较高。另外，坛紫菜富含活性多糖成分。

（三）龙须菜资源状况

1.数量和分布

（1）物种概况

隶属于植物界（Plantae）、红藻门（Rhodophyta）、红藻纲（Florideophyceae）、江蓠目（Gracilariales）、江蓠科（Gracilariaceae）、龙须菜属（*Gracilariopsis*），是我国重要的海水养殖藻类，截至2021年第一次全国水产养殖种质资源普查时已培育"981"龙须菜、龙须菜"2007"、龙须菜"鲁龙1号"3个品种。

（2）区域分布

繁育主体方面：全国共普查到繁育主体3个，全部分布在山东省。**养殖分布方面**：辽宁、福建、山东、广东等省份有养殖分布。

2.特征特性

2021—2023年，第一次全国水产养殖种质资源普查对山东省3个调查点的3个群体的龙须菜样本进行了重点分析。遗传多样性分析结果显示，龙须菜核苷酸多态性（π）范围为$1.16 \times 10^{-3} \sim 1.18 \times 10^{-3}$，群体间遗传分化指数（$F_{ST}$）范围为0.0183 ~ 0.0587，这表明龙须菜群体具有较低的遗传多样性，群体间存在中低程度遗传分化。

品质特性分析结果显示，龙须菜水分含量平均为89.46%，总蛋白含量平均为23.17 g/100 g（干重），总脂含量平均为1.61 g/100 g（干重），总糖含量平均为29.11 g/100 g（干重），甘露醇含量平均为15.96 g/100 g（干重），碘含量平均为0.6 g/100 g（干重），具有高蛋白低脂的特点；共检出17种游离氨基酸，包括7种必需氨基酸、2种半必需氨基酸和8种非必需氨基酸，必需氨基酸和总氨基酸含量分别为0.07 g/100 g（干重）和1.02 g/100 g（干重），必需氨基酸含量占总氨基酸的6.86%。而且，精氨酸和谷氨酸含量最高。另外，龙须菜富含活性多糖成分。

　　我国水产养殖种质资源除传统的淡水鱼类、海水鱼类、虾蟹类、贝类、藻类外，还包括两栖爬行类、棘皮类以及海蜇、沙蚕、星虫等其他类，这些水产养殖种质资源支撑的养殖水产品营养价值丰富，具有较高的应用价值。

第一节　数量和分布

（一）种类数量

1.两栖爬行类

　　我国两栖爬行类养殖种质资源62个，包括原种33个、品种4个、引进种25个，占我国全部水产养殖种质资源的7.23%。在这些种质资源中，养殖产业规模较大、养殖较普遍的种质资源有17个，如中华鳖、龟、蛙等，占两栖爬行类养殖种质资源总数的27.42%，是当前两栖爬行类中的"主养种"；其余种质资源养殖规模不大，以地方特色种或者观赏种为主，如咸水龟、三棱潮龟、两爪鳖等（图7-1）。

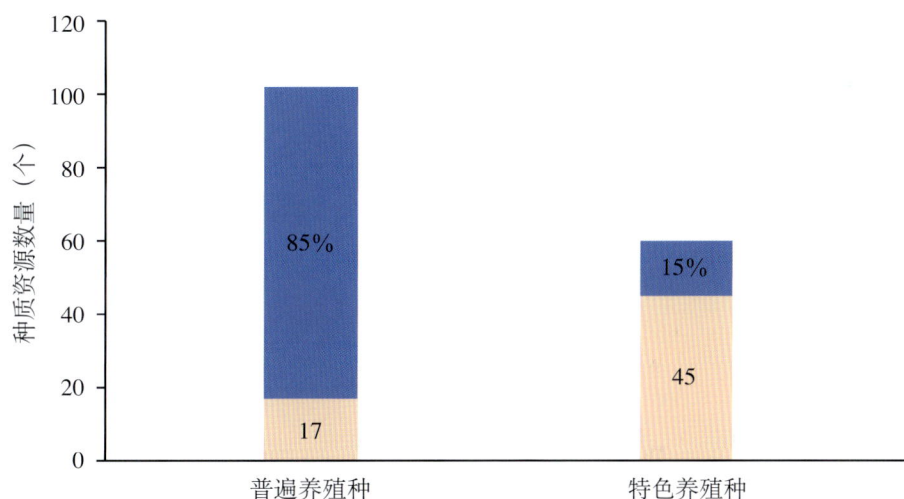

图7-1　两栖爬行类普遍养殖种与特色养殖种种质资源数量及产量情况

注：橙色部分为"普遍养殖种"和"特色养殖种"两栖爬行类的数量，蓝色部分为"普遍养殖种"和"特色养殖种"两栖爬行类的产量占比，相关数据来源于《2021中国渔业统计年鉴》。

　　两栖爬行类养殖种质资源隶属4目、13科、32属、57物种（图7-2），其中龟鳖目物种数量最多（46种），占两栖爬行类养殖种质资源物种的80.70%，包括中华鳖、乌龟、中华花龟等；无尾目有物种7种，占两栖爬行类养殖种质资源物种的12.28%，包括牛蛙、东北林蛙、虎纹蛙等；鳄目有物种2种，占两栖爬行类养殖种质资源物种的3.51%，包括湾鳄、暹罗鳄；**有尾目**有物种2种，占两栖爬行类养殖种质资源物种的3.51%，包括大鲵、山溪鲵。

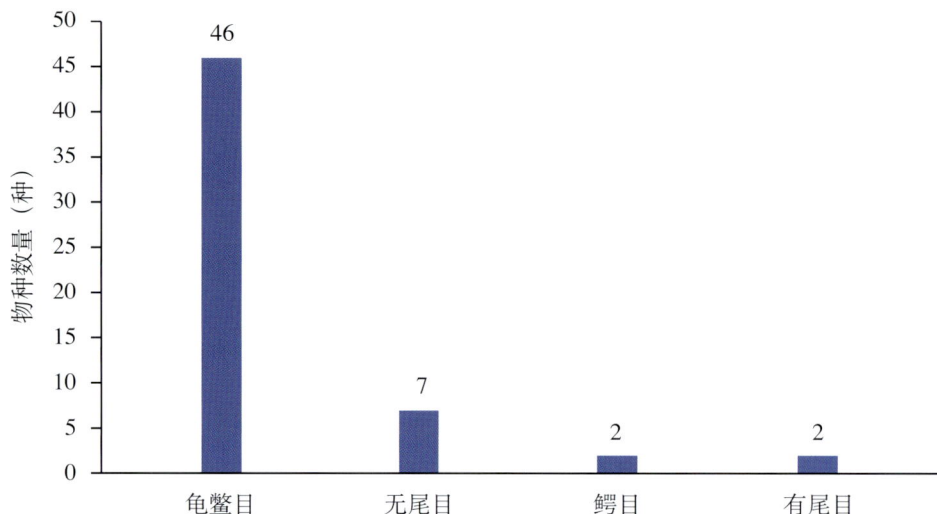

图7-2　两栖爬行类养殖种质资源物种组成（按目分）

从品种角度看，截至2021年第一次全国水产养殖种质资源普查，两栖爬行类已培育品种4个，占两栖爬行类养殖种质资源总数的6.45%，全部为中华鳖品种，分别为清溪乌鳖、中华鳖"浙新花鳖"、中华鳖"永章黄金鳖"、中华鳖"珠水1号"，其他两栖爬行类品种有待进一步培育开发。两栖爬行类引进种25个，占两栖爬行类养殖种质资源总数的40.32%，是两栖爬行类养殖种质资源的重要组成部分（图7-3）。部分引进种已经形成较大产业规模，其中中华鳖日本品系是中华鳖主要的养殖品种。其他两栖爬行类引进

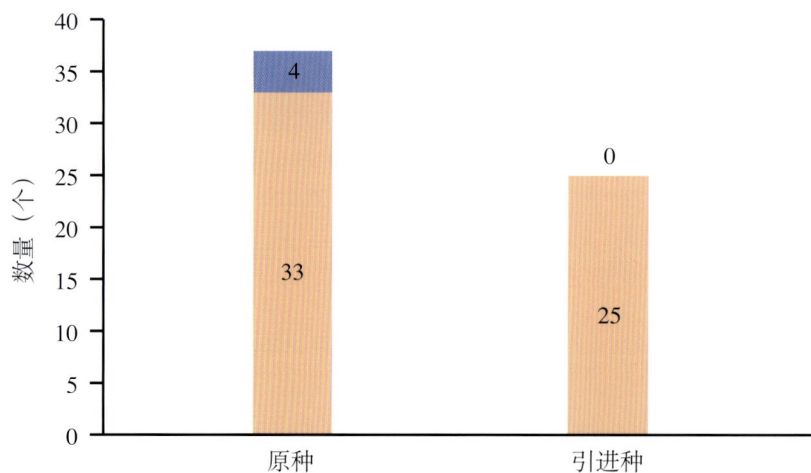

图7-3　两栖爬行类养殖种质资源类型

注：橙色表示种质来源为原种或引进种的数量；蓝色表示以原种或引进种为基础培育的品种数量。

种多为观赏动物，产业规模较小。

2. 棘皮类

我国棘皮类养殖种质资源14个，包括原种6个、品种7个、引进种1个，占我国全部水产养殖种质资源的1.63%。棘皮类养殖种质资源隶属3目（图7-4）、5科、7属、7物种。其中盾手目有物种3种，占棘皮类养殖种质资源物种数量的42.86%，包括刺参、糙海参、花刺参；拱齿目有物种3种，占棘皮类养殖种质资源物种数量的42.86%，包括紫海胆、光棘球海胆、中间球海胆；口鳃海胆目有物种1种，占棘皮类养殖种质资源物种数量的14.29%，为海刺猬。从品种角度看，截至2021年第一次全国水产养殖种质资源普查，棘皮类培育品种7个，占棘皮类养殖种质资源总数的50%，其中海参6个品种，是棘皮类中品种数量最多的种质资源，包括刺参"水院1号"、刺参"崆峒岛1号"、刺参"安源1号"等；海胆1个品种，为中间球海胆"大金"。棘皮类引进种仅1个，利用引进种质培育的新品种1个，是棘皮类种质资源的重要组成部分。

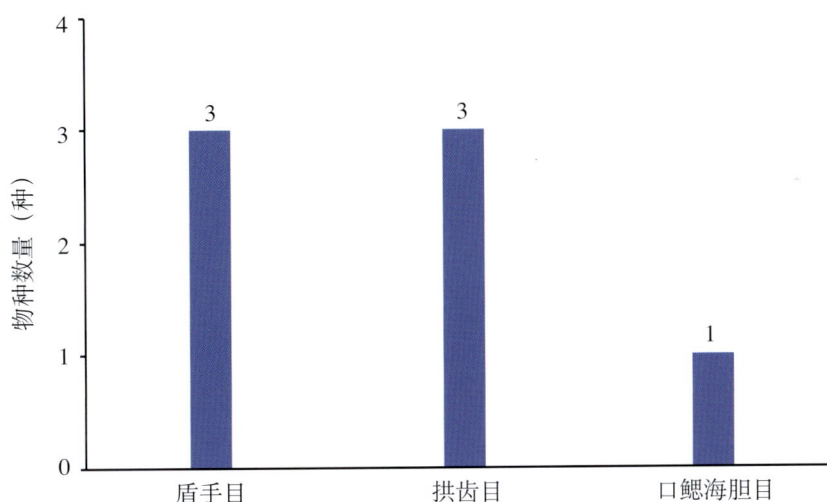

图7-4　棘皮类养殖种质资源物种组成（按目分）

3. 其他类

我国其他类养殖种质资源14个，全部为原种，占我国全部水产养殖种质资源的1.63%。在这些种质资源中，养殖产业规模较大、养殖较普遍的种质资源仅海蜇1个。海蜇位列"海产八珍品"之一，兼有多种药用功效，在我国历来是具有重要经济价值的海洋渔业产品之一，年产量9万t左右，是当前其他类种质资源中的"主养种"，其余种质资源养殖规模不大，以地方特色种为主，具有一定的开发潜力。这些种质资源有力支撑了我国其他类种质资源养殖产业的可持续发展。

其他类养殖种质资源隶属10目、12科、14属、14物种（图7-5），其中**无吻蛭目**有物种3种，占其他类物种的21.43%，包括日本医蛭、菲牛蛭、宽体金线蛭；**根口水母目**有物种2种，占其他类物种的14.29%，包括海蜇、巴布亚硝水母；**沙蚕目**有物种2种，占其他类物种的14.29%，包括双齿围沙蚕、疣吻沙蚕；**其他7个目**物种有7种，占其他类养殖种质资源的50.00%，包括单环刺螠、可口革囊星虫、裸体方格星虫、中华仙影海葵、海月水母、厦门文昌鱼、中国鲎。

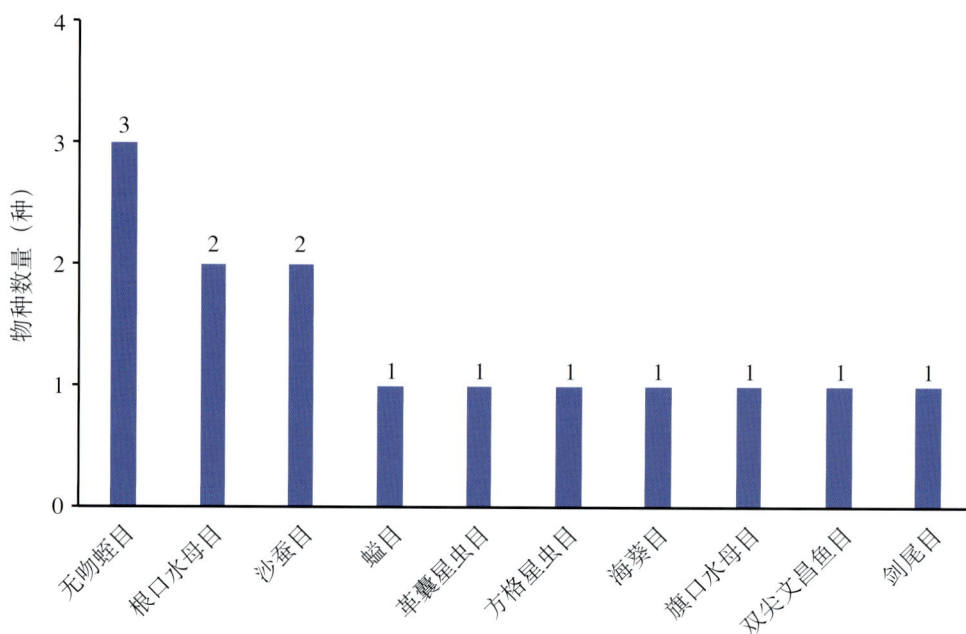

图7-5 其他类养殖种质资源物种组成（按目分）

（二）区域分布

1.两栖爬行类

第一次全国水产养殖种质资源普查显示，普查到的62个两栖爬行类养殖种质资源分布在全国1500多个县（市、区）的2.5万余家水产养殖主体中。另外，两栖爬行类养殖种质资源年均保存亲本847万只以上，为我国两栖爬行类养殖提供了重要种源保障。

从分布情况看，南方省份两栖爬行类养殖种质资源分布量多于北方省份。广西两栖爬行类养殖种质资源最丰富（50个），因为高温湿润地区特别适宜两栖爬行动物的生长；广东、浙江、江苏、安徽、江西等南方省份两栖爬行类养殖种质资源均超过30个；北方省份中仅北京两栖爬行类养殖种质资源超过30个，主要是由于北京观赏渔业比较发达；

东北和西北省份两栖爬行类养殖种质资源数量均低于10个；青藏高原无两栖爬行类养殖种质资源。

从单个种质资源分布情况（图7-6）看，分布范围≥20个省份的两栖爬行类养殖种质资源有3个，包括中华鳖、黄喉拟水龟、大鲵；分布范围10～19个省份的有28个，包括中华鳖日本品系、乌龟、中华花龟等；分布范围5～9个省份的有14种，包括山瑞鳖、砂鳖、大东方龟等；分布范围1～4个省份的有17种，包括佛罗里达鳖、角鳖、咸水龟等。

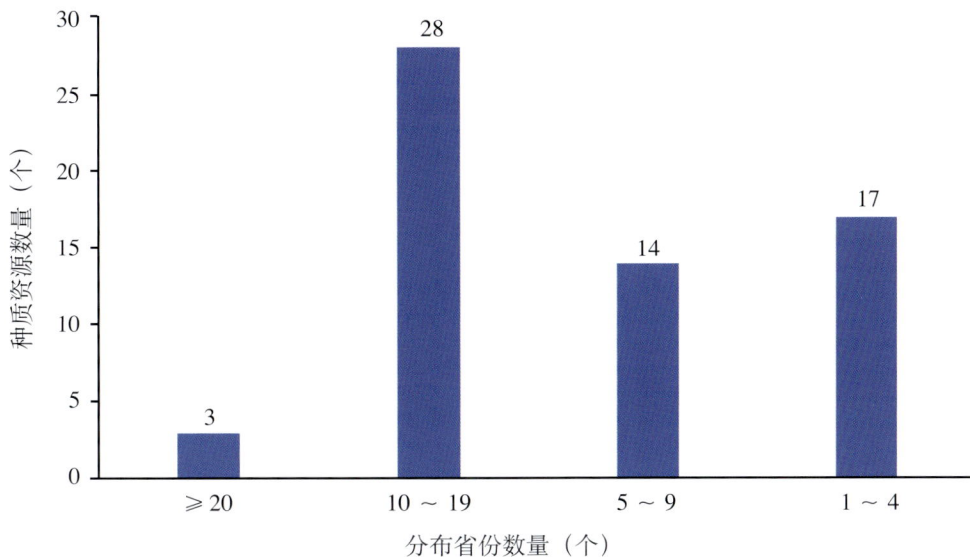

图7-6　两栖爬行类养殖种质资源数（按分布省份情况）

2.棘皮类

第一次全国水产养殖种质资源普查显示，普查到的14个棘皮类种质资源分布在全国70多个县（市、区）的7200余家水产养殖主体中。另外，棘皮类养殖种质资源年均保存亲本746万尾以上，为我国棘皮类养殖提供了重要种源保障。

从分布情况看，棘皮类养殖种质资源主要分布在部分沿海省份。其中山东棘皮类种质资源最丰富（10个），福建、辽宁、河北等沿海省份棘皮类养殖种质资源数量均超过5个，广东、江苏、浙江、海南、广西也有棘皮类养殖种质资源分布。

从单个种质资源分布情况（图7-7）看，棘皮类均分布在5个或者5个以下的省份，其中刺参分布在5个省份；刺参"水院1号"、刺参"安源1号"、刺参"东科1号"、刺参"参优1号"和紫海胆分布在4个省份；刺参"鲁海1号"、糙海参和中间球海胆分布在3个省份；光棘球海胆分布在2个省份；其他种质资源仅分布在1个省份。

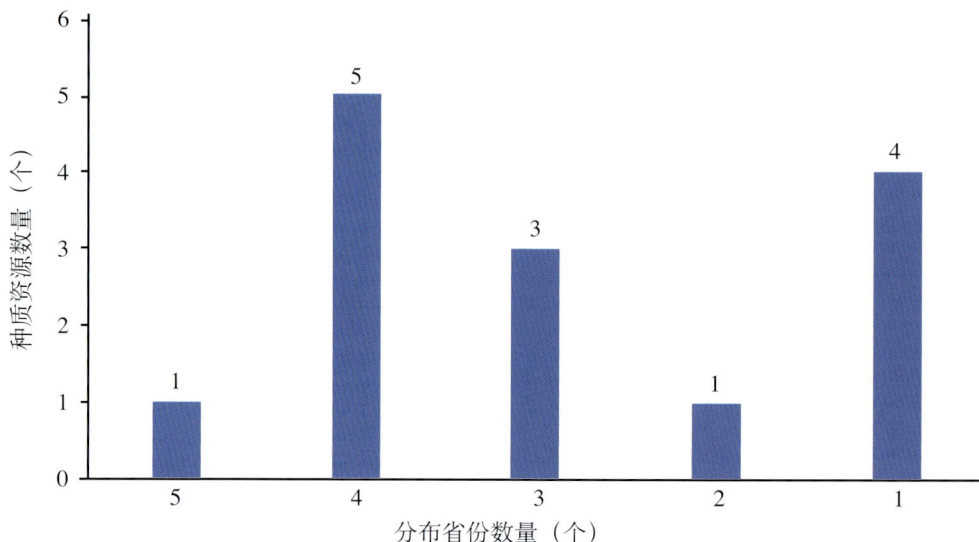

图 7-7　棘皮类养殖种质资源数（按分布省份情况）

3.其他类

第一次全国水产养殖种质资源普查显示，普查到的 14 个其他类种质资源分布在全国
200 多个县（市、区）的 1200 余家水产养殖主体中。另外，其他类种质资源拥有庞大的
种群数量，年均保存亲本 8 亿个以上，为我国其他类养殖提供了种源保障。

从分布情况看，其他类养殖种质资源主要分布在沿海省份。其中广东其他类养殖种
质资源最多（9 个），广西、福建、浙江、山东、辽宁其他类种质资源较多，安徽、湖
北、湖南、河北、黑龙江、河南、江西、四川、云南、重庆也有其他类养殖种质资源。

从单个种质资源分布情况（图 7-8）看，分布范围 ≥ 10 个省份的其他类养殖种质资源
仅有 1 个，为宽体金线蛭；分布范围 5 ～ 9 个省份的有 4 个，主要包括日本医蛭、菲牛蛭、

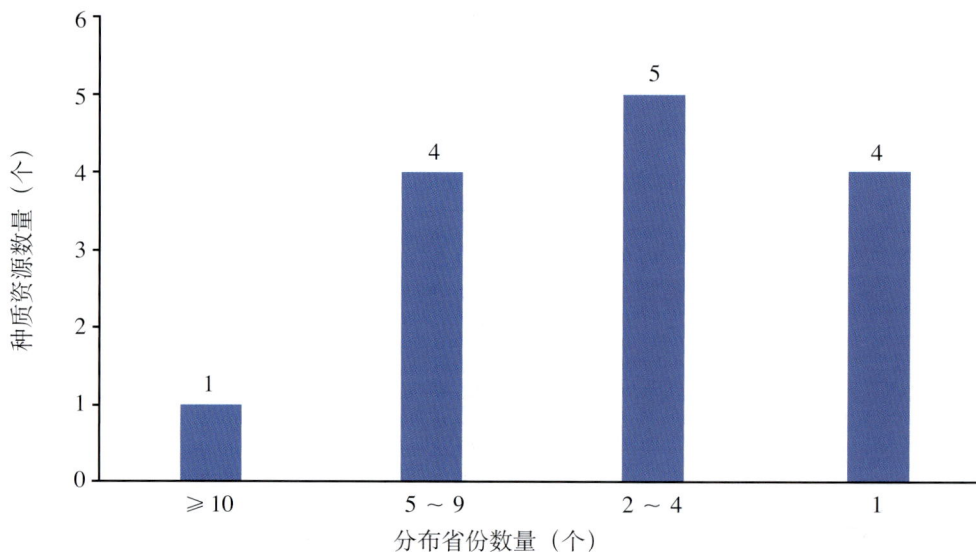

图 7-8　其他类养殖种质资源数（按分布省份情况）

双齿围沙蚕、海蜇；分布范围2～4个省份的有5个，包括单环刺螠、疣吻沙蚕、可口革囊星虫、裸体方格星虫、中国鲎；分布范围仅1个省份的有4个，如中华仙影海葵仅在浙江有分布，海月水母和巴布亚硝水母仅在广东有分布，厦门文昌鱼仅在福建有分布。

第二节　特征特性

2021—2023年，第一次全国水产养殖种质资源普查对13个省（自治区、直辖市）的74个调查点的17种两栖爬行、棘皮及其他类养殖种质资源进行了重点分析。重点分析的两栖爬行类有8种，分属于3目、5科、6属；棘皮类有3种，分属于2目、3科、3属；其他类有6种，分属于6目、6科、6属。17种两栖爬行、棘皮及其他类水产动物中，原种高达15个，引进种仅有2个。

分析结果表明，两栖爬行、棘皮及其他类的不同物种形态存在一定差异，部分物种的形态比例受人工选育的影响，与历史数据相比存在一定差别。数据分析显示，中华鳖、黄喉拟水龟等的遗传多样性处于较高水平，说明这些物种具有较高水平的遗传资源基础；但相对而言，中华花龟、大鲵等的遗传多样性处于较低水平，说明这些物种的遗传资源多样性偏低。两栖爬行、棘皮及其他类水产养殖种质资源均具有高蛋白低脂肪的特点。

（一）形态特征

重点分析了两栖爬行、棘皮及其他类养殖种质资源可量性状比例，涵盖8种两栖爬行类、3种棘皮类以及6种其他类。爬行类调查物种全部为龟鳖类，乌龟、黄喉拟水龟、中华花龟、中华鳖、拟鳄龟的背甲宽/背甲长平均值为0.67、0.70、0.71、0.82、0.87，背甲宽/背甲长总体平均值为0.75。其中，中华鳖不同群体之间的背甲宽/背甲长差异显著，为中华鳖裙边（主要食用部位之一）的选育提供了资源基础。而拟鳄龟的背甲宽/背甲长平均值最高，是因为其体呈扁椭圆形或近似圆形，背部较为平坦，背甲长度和宽度近似。在两栖类中，大鲵、黑斑侧褶蛙、东北林蛙体长/头长平均值为3.68、3.18、2.99，体长/头长总体平均为3.28。在棘皮类中，仿刺参和糙海参的体重/体长平均为1.04、0.33，体重/体长总体平均为0.69；性腺是海胆可食用的部位，中间球海胆性腺重/体重平均为0.15，仅占海胆全重的10%左右。在环节类中，双齿围沙蚕头长/体长平均为0.02；宽体金线蛭体长/湿重平均为0.92；单环刺螠体宽/体长平均为0.14，吻长/体长平均为0.04。在水母类中，海蜇伞弧长/体高平均为1.63，口腕长/体高平均为0.78。人们日常食用的海蜇皮便是由海蜇的伞弧制成。

分析结果表明，两栖爬行类、棘皮类及其他类水产养殖群体间部分表型性状存在一定差异。与历史数据相比，龟鳖类动物的背甲、裙边及体重等形态特征有相对变大的趋势，海参的体重和疣足数目等形态特征有相对增加的趋势，海胆的性腺重和体重等形态特征也相对增加，这些形态演变趋势可能与人们对养殖品种特定的需求和追求高经济效益为目的而进行的人工选择有关。

（二）遗传多样性

对共17种两栖爬行、棘皮及其他类水产动物的全基因组单核苷酸多态性位点进行鉴定，并使用多种群体遗传学指标评估遗传多样性水平。

重点分析的龟鳖类的核苷酸多态性（π）和群体间遗传分化指数（F_{ST}）平均值分别是3.50×10^{-2}和0.037，两栖类π和F_{ST}平均值分别是5.30×10^{-5}和0.053，棘皮类π和

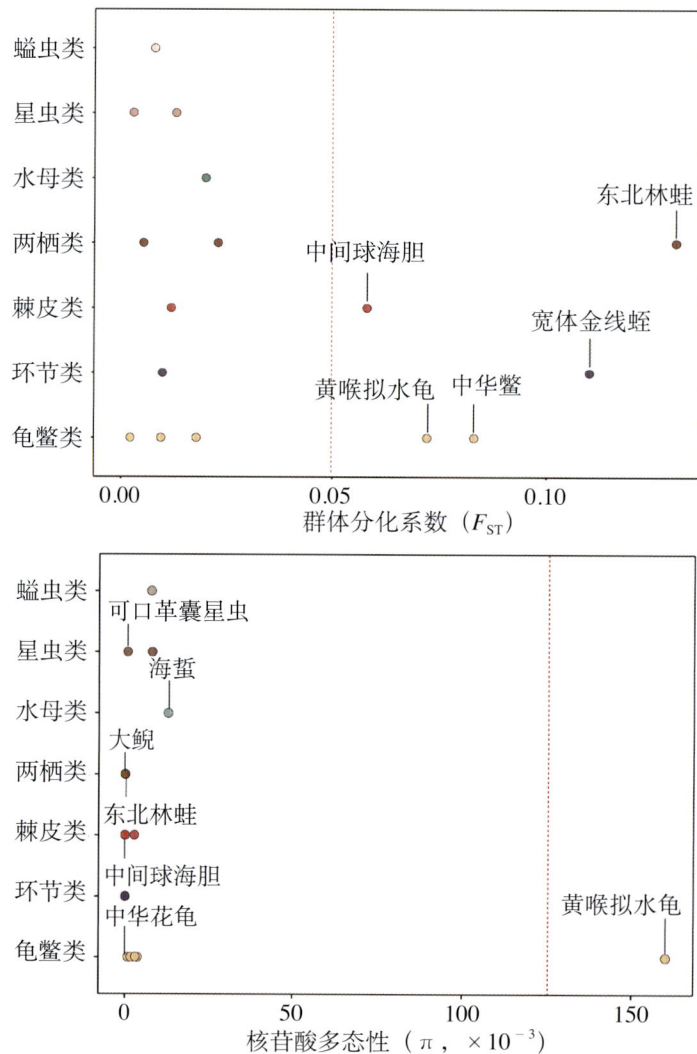

图7-10　两栖爬行、棘皮及其他类养殖种质资源遗传多样性指标

F_{ST}平均值分别是1.5×10^{-3}和0.036（图7-10）。基于这两个关键的遗传多样性指标，数据分析显示，中华鳖、黄喉拟水龟等的遗传多样性处于较高水平，说明这些物种具有较为丰富的遗传资源基础；相对而言，中华花龟、大鲵等的遗传多样性处于较低水平，说明这些物种的遗传资源多样性偏低。

（三）品质特性

重点分析了两栖爬行、棘皮及其他类养殖种质资源肌肉常规营养成分、氨基酸组成与含量、脂肪酸组成与含量等品质特性。常规营养成分分析发现调查的两栖爬行类的水分含量平均为78.53 g/100 g，灰分含量平均为1.00 g/100 g，粗蛋白含量平均为18.77 g/100 g，粗脂肪含量平均为0.99 g/100 g，总糖含量平均为0.47 g/100 g。棘皮类的水分含量平均为83.01 g/100 g，灰分含量平均为4.45 g/100 g，粗蛋白含量平均为7.89 g/100 g，粗脂肪含量平均为1.67 g/100 g，总糖含量平均为1.44 g/100 g。其他类的水分含量平均为78.59 g/100 g，灰分含量平均为1.66 g/100 g，粗蛋白含量平均为11.53 g/100 g，粗脂肪含量平均为0.96 g/100 g，总糖含量平均为1.62 g/100 g。两栖爬行、棘皮及其他类大多具有高蛋白低脂肪的特点。氨基酸组成与含量分析发现所有两栖爬行、棘皮及其他类均检测出16种氨基酸，包括7种必需氨基酸、2种半必需氨基酸及7种非必需氨基酸。两栖爬行类的总氨基酸含量平均为17.59 g/100 g，必需氨基酸含量平均为6.53 g/100 g，必需氨基酸含量占总氨基酸含量的37.12%。棘皮类的总氨基酸含量平均为5.14 g/100 g，必需氨基酸含量平均为2.11 g/100 g，必需氨基酸含量占总氨基酸含量的41.05%。其他类的总氨基酸含量平均为8.16 g/100 g，必需氨基酸含量平均为2.69 g/100 g，必需氨基酸含量占总氨基酸含量的32.97%。脂肪酸组成与含量分析表明调查的两栖爬行、棘皮及其他类中脂肪酸检出2～29种，其中两栖爬行类的二十碳五烯酸（EPA）含量平均为18.13 mg/100 g，二十二碳六烯酸（DHA）含量平均为38.03 mg/100 g；棘皮类的EPA含量平均为113.82 mg/100 g，DHA含量平均为9.94 mg/100 g；其他类的EPA含量平均为25.60 mg/100 g，DHA含量平均为7.17 mg/100 g。总体而言，两栖爬行、棘皮及其他类水产养殖种质资源含有丰富的不饱和脂肪酸。

第三节　代表性物种资源状况

根据《2023中国渔业统计年鉴》数据，兼顾两栖爬行、棘皮类等种类特色，选取中华鳖和仿刺参作为代表性物种进行详细介绍。

（一）中华鳖资源状况

1.数量和分布

（1）物种概况

隶属于动物界（Animalia）、脊索动物门（Chordata）、爬行纲（Reptilia）、龟鳖目(Testudines)、鳖科（Trionychidae）、鳖属（*Pelodiscus*），是我国重要的淡水养殖爬行动物，截至2021年第一次全国水产养殖种质资源普查，已培育清溪乌鳖、中华鳖"浙新花鳖"、中华鳖"永章黄金鳖"、中华鳖"珠水1号"4个品种。

（2）区域分布

亲本及繁育主体方面：全国共保存中华鳖亲本2180万只以上，共普查到繁育主体1842个，主要分布于江西、浙江、广西等25个省（自治区、直辖市）的136个地市。养殖分布方面：北京、天津、河北、山西、内蒙古、辽宁、吉林、黑龙江、上海、江苏、浙江、安徽、福建、江西、山东、河南、湖北、湖南、广东、广西、海南、重庆、四川、贵州、云南、陕西、甘肃、宁夏、新疆等全国大多数省份有养殖分布。

2.特征特性

2021—2023年，第一次全国水产养殖种质资源普查对山东、浙江、湖南和广东的8个调查点的240个中华鳖样本进行了重点分析。调查分析发现，中华鳖不同群体之间的背甲宽/背甲长差异显著，而裙边是中华鳖的主要食用部位之一，这一特点为中华鳖该重要经济性状的选育提供了选育资源基础。遗传多样性分析结果显示，中华鳖核苷酸多态性（π）范围为$1.80 \times 10^{-3} \sim 4.10 \times 10^{-3}$，群体间遗传分化指数（$F_{ST}$）范围为$0 \sim 0.214$，这表明中华鳖群体间存在相对特异的遗传分化。

常规营养成分分析结果表明，中华鳖的水分含量平均为77.75 g/100 g，灰分含量平均为0.98 g/100 g，粗蛋白含量平均为19.95 g/100 g，粗脂肪含量平均为0.64 g/100 g，总糖含量平均为0.49 g/100 g，具有高蛋白低脂肪的特点。调查的中华鳖共检出16种氨基酸，包括7种必需氨基酸、2种半必需氨基酸和7种非必需氨基酸，总氨基酸含量平均为18.63 g/100 g，必需氨基酸含量平均为7.29 g/100 g，必需氨基酸含量占总氨基酸含量的39.13%。调查的中华鳖中脂肪酸共检出10种，二十碳五烯酸（EPA）含量平均为28.28 mg/100 g，二十二碳六烯酸（DHA）含量平均为39.15 mg/100 g。

（二）仿刺参资源状况

1.数量和分布

（1）物种概况

隶属于动物界（Animalia）、棘皮动物门（Echinodermata）、海参纲（Holothuroidea）、盾手目（Aspidochirotida）、刺参科（Stichopodidae）、仿刺参属（*Apostichopus*），是我国重要的水产养殖棘皮动物，截至2021年第一次全国水产养殖种质资源普查，已培育刺参"水院1号"、刺参"崆峒岛1号"、刺参"安源1号"、刺参"东科1号"、刺参"参优1号"、刺参"鲁海1号"6个品种。

（2）区域分布

亲本及繁育主体方面：全国共保存仿刺参亲本411万头以上，共普查到繁育主体336个，主要分布于山东、辽宁、河北3个省的13个地市。**养殖分布方面：**河北、辽宁、江苏、浙江、福建、山东等沿海省份有养殖分布。

2.特征特性

2021—2023年，第一次全国水产养殖种质资源普查对辽宁和山东的8个调查点的330个仿刺参样本进行了重点分析。研究发现，仿刺参的体重和疣足数目有相对增加的趋势，这两个形态特征演变趋势可能与人们对养殖品种特定的需求和追求高经济效益为目的而进行的人工选择有关。遗传多样性分析结果表明，仿刺参核苷酸多态性（π）范围为$2.69 \times 10^{-3} \sim 3.30 \times 10^{-3}$，群体间遗传分化指数（$F_{ST}$）范围为$0 \sim 0.047$。仿刺参群体间遗传分化程度较小，具有一定的遗传多样性。

常规营养成分分析结果表明，仿刺参的水分含量平均为91.59 g/100 g，灰分含量平均为2.45 g/100 g，粗蛋白含量平均为4.23 g/100 g，粗脂肪含量平均为0.41 g/100 g，总糖含量平均为0.39 g/100 g，具有高蛋白低脂肪的特点。调查的仿刺参共检出17种氨基酸，包括7种必需氨基酸、2种半必需氨基酸和8种非必需氨基酸，总氨基酸含量平均为3.16 g/100 g，必需氨基酸含量平均为0.82 g/100 g，必需氨基酸含量占总氨基酸含量的25.95%。调查的仿刺参中脂肪酸共检出17种，其中二十碳五烯酸（EPA）含量平均为46.56 mg/100 g，二十二碳六烯酸（DHA）含量平均为10.61 mg/100 g。

第八章

中国水产养殖种质资源保护利用状况

第一节　水产养殖种质资源保护利用法律法规制度情况

中国不断加强水产种质资源保护制度建设，先后出台了一系列法律、部门规章和政策文件等，形成了一整套行之有效的法律法规政策体系，为开展水产养殖种质资源保护与治理提供了制度保障。

在法律层面明确了对水产种质资源的保护和管理。《中华人民共和国渔业法》是新中国成立以来加强水产种质资源保护与管理的法律基础，明确了对水产种质资源及其生存环境实施保护管理；规定了水产新品种审定、水产苗种进出口审批和水产苗种生产审批管理。

实行水产原良种场活体保种制度。《水产苗种管理办法》是《中华人民共和国渔业法》配套的部门规章，规定"省级以上人民政府渔业行政主管部门根据水产增养殖生产发展的需要和自然条件及种质资源特点，合理布局和建设水产原、良种场；国家级或省级原、良种场负责保存或选育种用遗传材料和亲本，向水产苗种繁育单位提供亲本"，明确了水产原良种实行活体保种制度。

实行水产新品种审定制度。《中华人民共和国渔业法》《水产苗种管理办法》规定了水产新品种必须经全国水产原种和良种审定委员会审定，由国务院渔业行政主管部门公告后推广。《水产原、良种审定办法》明确了水产新品种审定程序。

实行水产苗种生产许可制度。《中华人民共和国渔业法》《水产苗种管理办法》规定了水产苗种生产经营实行许可制度，但渔业生产者自育、自用水产苗种的除外。

实行水产苗种进出口审批制度。《中华人民共和国渔业法》《水产苗种管理办法》规定水产苗种进口、出口实施行政审批。

实行水产苗种产地检疫制度。依据《中华人民共和国动物防疫法》《动物检疫管理办法》等法律法规建立了水产苗种产地检疫制度，从苗种流通的关键环节入手，强化产地检疫和执法监督，从源头上严格控制重大疫病传播。

第二节　水产养殖种质资源保护利用体系状况

中国建立了"保护区""种质库""遗传育种中心""原种场""良种场""苗种场"等水产养殖种质资源保护保存场所，开展了原生境和非原生境水产种质资源保护与利用体系建设。

在原生境保护体系建设方面，建立水产种质资源保护区是水生生物原生境保护的一种有效形式，其主要作用是保护原生境中重要水产种质资源群体，维护生物多样性和生态系统平衡。中国自2007年开始划定国家级水产种质资源保护区，目前已建成535处国家级水产种质资源保护区，总面积达1563万公顷，涵盖海洋、江河、湖泊、水库等水域类型，有效保护了中国对虾、鳜、中华绒螯蟹等650多种重要水产种质资源及其产卵场、索饵场、越冬场和洄游通道等主要生长繁殖区域。

在非原生境保护与利用体系建设方面，中国已逐步建立起包含种质资源库、遗传育种中心、国家级及省级水产原良种场、苗种繁育场等层级分明、功能不同的水产养殖种质资源保护和利用体系。截至2023年8月，共建成国家海洋渔业生物种质资源库1个、遗传育种中心28个、国家级水产原良种场95家。非原生境保护与利用体系的建立，为中国水产养殖种质资源的有效保护、合理开发和高效利用提供了重要保障。

在水产养殖种质资源科学研究平台建设方面，围绕种质资源开发与利用，国家和地方分别设立了相关重点实验室与工程技术研究中心。例如，建设海水养殖生物育种与可持续产出全国重点实验室，设立淡水渔业与种质资源利用、海洋渔业与可持续发展、远洋与极地渔业创新三个学科群平台，统筹科技资源，整合优秀团队，重点解决水产养殖种质资源保护与利用相关的重大科学问题，为水产养殖种质资源保护、合理开发利用和种质创新等关键环节提供平台支撑。

第三节　水产养殖种质资源基础研究与技术研发状况

近40年，中国基于水产养殖种质资源的遗传育种基础科学研究与技术研发科技综合实力在国际上总体处于先进水平，部分基础研究方面已经处于世界领先水平。

创新保种理论技术与方法。在活体保种技术方面，利用生态池塘、工厂化循环水、深远海网箱、稻渔综合种养等不同养殖方式开展亲本培育，明确了不同类别种质资源亲本的生态化保存条件；建立了亲本高效繁殖、健康苗种培育、优质苗种标准化养殖等水产种质资源亲本大规模、生态化保存与传代技术。在细胞保存技术方面，建立了水产动物精子冷冻保存实用化技术，开展了大菱鲆、鲈、褐牙鲆、石鲽、半滑舌鳎、圆斑星鲽、大西洋牙鲆、仿刺参、菲律宾蛤仔等水产动物精子冷冻保存工作，建立了100余种水产动物精子冷冻保存技术和精子库。发明了鱼类胚胎玻璃化冷冻方法，建立了鱼类胚胎冷冻保存技术，在国际上首次获得冷冻复活的牙鲆、花鲈、大菱鲆和石斑鱼胚胎。研发了鱼类细胞系高效制备与保存技术，建立鱼类胚胎干细胞系、生殖干细胞系和组织细胞系40余个。

水产基因组研究取得重要突破。 自2010年中国研究人员完成世界上第一个养殖贝类（长牡蛎）全基因组序列图谱以来，相继突破了半滑舌鳎、鲤、凡纳滨对虾、条斑紫菜等多个物种的基因组组装瓶颈，完成包括鱼类、虾蟹类、贝类、藻类、棘皮类等在内的50多种水产养殖生物的全基因组精细图谱绘制，揭示了水产养殖生物生长、品质、抗性、性别等重要性状的遗传基础与调控机制，为水产生物性状解析和分子育种奠定了基础。相关研究成果陆续发表在*Cell*、*Nature*等国际顶级学术期刊上。水产基因组研究取得的重大成果使中国在短短10年之间实现了从跟跑到领跑的跨越。

重要性状形成的分子机制解析更加深入。 从发掘鉴定具有重要育种价值的功能基因、数量性状座位（QTL）位点和分子标记，不断向重要基因或调控元件的功能及应用、遗传网络解析研究方面深入，研究性状也由单一性状到开始关注多个性状。如：采用多组学及基因功能验证等手段，揭示了扇贝肌肉积累类胡萝卜素是隐性性状及单基因调控的机理；阐释了贝类低氧、病原及其联合作用的响应机制——揭示HIF-1α和PHD基因的结构特征及其在低氧胁迫中的响应机制，并厘清二者的调控关系；首次证实了鱼类性别决定与分化的竞争性内源RNA（ceRNA）调控机制，系统阐明了鱼类性别决定与分化的表观调控网络，为鱼类性控育种技术的研发开辟了新途径。尤其是淡水鱼肌间刺数目调控关键基因的发现、功能研究及应用，使中国在淡水鱼肌间骨发育调控领域处于国际领先水平。

分子育种技术实现跨越式发展。 随着育种基础研究的日益深入，中国的水产育种正在从选择育种、杂交育种、倍性操控等传统育种技术向现代分子育种技术迅速发展。**在表型高通量测定技术方面**，"十三五"期间，多种水产养殖生物尤其是贝类高通量测评技术实现了对一些重要性状的高通量快速、精准测评。**在基因编辑技术方面**，创制出基因编辑快大型半滑舌鳎和无肌间刺团头鲂、鲫新种质；成功实现了脊尾白虾、米虾和中华绒螯蟹等多个甲壳动物的功能基因编辑；在鲍、扇贝和牡蛎等种类中突破了显微注射技术，构建了鲍TALEN介导的基因编辑技术。**在生殖操作前沿技术方面**，建立了红鳍东方鲀、牙鲆等多种鱼类的生殖干细胞系；利用生殖干细胞移植技术，延长了鲟供体生殖干细胞在受体性腺中的时间；突破了海水养殖鲆鲽鱼类科间移植并获得了功能配子，初步建立了重要养殖鱼类生殖干细胞移植即"借腹怀胎"技术。**在性别控制和育性调控技术方面**，建立了外泌体介导非编码RNA调控半滑舌鳎性别的育种技术；研发了罗非鱼、鳜和鳢等重要养殖鱼类高效操作的性控育种新技术；采用激素诱导性别转换方法，结合许氏平鲉、鳜性别分子标记，建立了鱼类分子标记辅助性控技术；构建了抑制受精卵第二极体制备牡蛎四倍体的方法，形成稳定的四倍体核心群体，进一步通过$4n \times 2n$生物学杂交方法实现了全三倍体牡蛎的规模化生产。**在全基因组选择育种技术方面，**中国有关专家于2016年开始发表水产动物基因组选择的研究论文，近些年来建立了表型获取、基因分型和育种值预测的整套解决方案。研发出多款用于鱼类、虾蟹类、贝类育种的低成本、高通量固相和液相基因芯片，建立了GWAS-GS、ssGBLUP和机器学习等全基因组预测方法，已在扇贝、凡纳滨对虾、大黄鱼、牙鲆、半滑舌鳎、罗非鱼、鲍等水产养殖物种中实现应用，成功培育出栉孔扇贝"蓬莱红2号"、牙鲆"鲆优2号"、罗非鱼"壮罗1号"、半滑舌鳎"鳎优1号"等一批贝类和鱼类高产抗病新品种。

第四节　水产养殖种质资源新品种创制和产业化应用状况

水产新品种创制稳步推进。在国家"863"计划、国家重点研发计划、现代农业产业技术体系等的支持下，中国科研院所、高等院校、企业等单位联合攻关育成一批生产性状显著改良的水产新品种。截至2023年，通过农业农村部审定公布的水产新品种有283个，包括鱼类142个、虾蟹类42个、贝类56个、藻类24个、棘皮类10个、两栖爬行类（两栖纲、爬行纲）9个。上述水产新品种按育种技术可以分为选育种、杂交种、引进种及其他，其中选育种166个、杂交种74个、引进种30个、其他13个。选育种采用的技术主要包括群体选育、家系选育、分子标记辅助选育、全基因组选育、多性状复合育种等。杂交种采用的技术包括种间杂交、种内群体间杂交、品系间杂交等。其他类新品种采用的培育技术包括人工雌核发育、性别控制、性逆转等。引进种包括罗非鱼、虹鳟、大菱鲆、凡纳滨对虾、罗氏沼虾、海湾扇贝等。

种业企业在水产养殖种质资源保护利用中的主体地位日益凸显。随着我国水产种业的不断发展壮大和管理政策的"放活"，水产种业企业作为水产养殖种质资源保护利用的主体之一也随之不断成长壮大。特别是2021年启动种业振兴行动之种业企业扶优行动以来，各地各部门认真落实党中央、国务院决策部署，农业农村部围绕重要水产养殖种质资源，从全国水产种业企业中遴选121家，构建了破难题、补短板、强优势国家水产种业阵型企业；各地也出政策、创机制，加大对种业企业的扶持力度。种业企业瞄准市场需求、勇当种业振兴主力军，以保障种源供给为目标加强活体种质库建设，增加科研投入，加快应用大规模多性状家系、全基因组选择等先进适用育种技术，种苗生产和质量水平稳步提高，种质资源的保护利用能力和水平不断提升，主体地位日益凸显。

水产养殖种质资源苗种数量和产量稳中有进。 新中国成立初期，中国水产养殖年产量仅有11万吨，水产苗种主要依靠从天然水域采捕获得。经过七十多年的发展，中国水产种业实现了从无到有、从小到大的历史性跨越，形成了鱼、虾、蟹、贝、藻、参、鳖等多样化发展的格局。目前，全国各类水产苗种企业有效保障了鱼、虾、蟹、贝、藻、两栖爬行和棘皮动物等的苗种供应，基本满足养殖用种需要。"十三五"以来，中国水产苗种产量稳定在1.26万亿尾以上，产值稳定在640亿元以上。2022年，水产苗种产量1.39万亿尾、产值843.45亿元，比2019年产量、产值分别增加10%和28%。

>>> 第九章
国家水产养殖种质资源种类名录
（2023年版）

（一）淡水鱼类

序号	名称	学名	类型	主要养殖区域*	备注
1	青鱼	*Mylopharyngodon piceus*	原种	北京、天津、河北、山西、内蒙古、辽宁、吉林、黑龙江、上海、江苏、浙江、安徽、福建、江西、山东、河南、湖北、湖南、广东、广西、海南、重庆、四川、贵州、云南、陕西、甘肃、新疆	
2	草鱼	*Ctenopharyngodon idella*	原种	北京、天津、河北、山西、内蒙古、辽宁、吉林、黑龙江、上海、江苏、浙江、安徽、福建、江西、山东、河南、湖北、湖南、广东、广西、海南、重庆、四川、贵州、云南、西藏、陕西、甘肃、宁夏、新疆、新疆生产建设兵团	
3	鲢	*Hypophthalmichthys molitrix*	原种	北京、天津、河北、山西、内蒙古、辽宁、吉林、黑龙江、上海、江苏、浙江、安徽、福建、江西、山东、河南、湖北、湖南、广东、广西、海南、重庆、四川、贵州、云南、陕西、甘肃、宁夏、新疆、新疆生产建设兵团	
4	长丰鲢	*Hypophthalmichthys molitrix*	品种	北京、天津、河北、山西、内蒙古、辽宁、吉林、黑龙江、江苏、安徽、福建、江西、山东、河南、湖北、湖南、广西、重庆、四川、贵州、云南、陕西、甘肃、宁夏、新疆、新疆生产建设兵团	
5	津鲢	*Hypophthalmichthys molitrix*	品种	北京、天津、河北、内蒙古、辽宁、吉林、黑龙江、江苏、浙江、安徽、山东、湖北、广西、重庆、四川、贵州、云南、新疆	
6	鳙	*Hypophthalmichthys nobilis*	原种	北京、天津、河北、山西、内蒙古、辽宁、吉林、黑龙江、上海、江苏、浙江、安徽、福建、江西、山东、河南、湖北、湖南、广东、广西、海南、重庆、四川、贵州、云南、陕西、甘肃、宁夏、新疆、新疆生产建设兵团	
7	鲤	*Cyprinus carpio*	原种	北京、天津、河北、山西、内蒙古、辽宁、吉林、黑龙江、上海、江苏、浙江、安徽、福建、江西、山东、河南、湖北、湖南、广东、广西、海南、重庆、四川、贵州、云南、西藏、陕西、甘肃、青海、宁夏、新疆、新疆生产建设兵团	
8	颖鲤	/	品种	河北、山西、辽宁、江苏、安徽、河南、湖北、广东、广西、重庆、四川、云南、陕西	
9	三杂交鲤	*Cyprinus carpio*	品种	内蒙古、辽宁、吉林、黑龙江、江苏、浙江、安徽、福建、江西、河南、湖北、湖南、广东、广西、重庆、四川、贵州、云南、陕西	
10	芙蓉鲤	*Cyprinus carpio*	品种	河北、内蒙古、吉林、江苏、浙江、安徽、福建、江西、河南、湖南、广东、广西、重庆、四川、贵州、云南、陕西、新疆	
11	兴国红鲤	*Cyprinus carpio*	品种	天津、内蒙古、辽宁、吉林、江苏、浙江、安徽、福建、江西、山东、河南、湖北、湖南、广东、广西、海南、重庆、四川、贵州、云南、陕西、甘肃、宁夏	

---

* 因调查口径缘故，本名录所列"主要养殖区域"将新疆和新疆生产建设兵团分别列出。

（续）

序号	名称	学名	类型	主要养殖区域	备注
12	荷包红鲤	*Cyprinus carpio*	品种	山西、内蒙古、辽宁、吉林、江苏、浙江、安徽、福建、江西、山东、河南、湖北、湖南、广西、海南、重庆、云南、陕西、甘肃、宁夏	
13	建鲤	*Cyprinus carpio*	品种	北京、天津、河北、山西、内蒙古、辽宁、吉林、黑龙江、江苏、浙江、安徽、福建、江西、山东、河南、湖北、湖南、广东、广西、重庆、四川、贵州、云南、陕西、甘肃、宁夏、新疆、新疆生产建设兵团	
14	荷包红鲤抗寒品系	*Cyprinus carpio*	品种	辽宁、黑龙江、福建、江西、湖北	
15	德国镜鲤	*Cyprinus carpio*	引进种	天津、河北、内蒙古、辽宁、吉林、黑龙江、山东、广东、广西、重庆、四川	
16	德国镜鲤选育系	*Cyprinus carpio*	品种	河北、山西、内蒙古、辽宁、吉林、黑龙江、江苏、安徽、河南、湖南、广西、重庆、四川、贵州、云南、陕西、新疆	
17	松浦鲤	*Cyprinus carpio*	品种	内蒙古、辽宁、黑龙江、贵州、云南	
18	万安玻璃红鲤	*Cyprinus carpio*	品种	江西、重庆	
19	湘云鲤	/	品种	山西、黑龙江、江苏、浙江、安徽、江西、河南、湖北、湖南、广东、广西、重庆、四川、贵州、云南	
20	松荷鲤	*Cyprinus carpio*	品种	辽宁、黑龙江、江西	
21	墨龙鲤	*Cyprinus carpio*	品种	天津	
22	豫选黄河鲤	*Cyprinus carpio*	品种	山西、内蒙古、吉林、江苏、安徽、福建、山东、河南、湖北、广西、云南、陕西、甘肃、宁夏	
23	乌克兰鳞鲤	*Cyprinus carpio*	引进种	天津、山西、内蒙古、黑龙江、江苏、云南、新疆	
24	津新鲤	*Cyprinus carpio*	品种	北京、天津、河北、山西、内蒙古、辽宁、吉林、黑龙江、江苏、安徽、山东、河南、广西、四川、云南、陕西、宁夏、新疆生产建设兵团	
25	松浦镜鲤	*Cyprinus carpio*	品种	北京、河北、山西、内蒙古、辽宁、吉林、黑龙江、安徽、河南、湖南、广西、重庆、四川、贵州、云南、陕西、甘肃、宁夏、新疆	
26	福瑞鲤	*Cyprinus carpio*	品种	北京、天津、河北、山西、内蒙古、辽宁、吉林、黑龙江、江苏、安徽、福建、山东、河南、湖北、湖南、广西、重庆、四川、贵州、云南、陕西、甘肃、宁夏、新疆	
27	松浦红镜鲤	*Cyprinus carpio*	品种	北京、辽宁、黑龙江、重庆、四川、贵州、云南、甘肃	
28	瓯江彩鲤"龙申1号"	*Cyprinus carpio*	品种	吉林、浙江、湖北、湖南、宁夏、新疆	

（续）

序号	名称	学名	类型	主要养殖区域	备注
29	津新鲤2号	*Cyprinus carpio*	品种	天津、河北、山西、内蒙古、辽宁、吉林、黑龙江、江苏、福建、山东、河南、湖北、广东、广西、重庆、四川、云南、陕西、宁夏、新疆、新疆生产建设兵团	
30	易捕鲤	*Cyprinus carpio*	品种	辽宁、黑龙江、贵州、云南、新疆	
31	福瑞鲤2号	*Cyprinus carpio*	品种	北京、天津、河北、山西、辽宁、吉林、黑龙江、江苏、安徽、福建、山东、河南、湖北、广西、重庆、四川、贵州、云南、陕西、宁夏、新疆	
32	津新红镜鲤	*Cyprinus carpio*	品种	天津、河南	
33	禾花鲤"乳源1号"	*Cyprinus carpio*	品种	江西、湖南、广东、广西、四川、云南	
34	建鲤2号	*Cyprinus carpio*	品种	河北、山西、吉林、江苏、福建、江西、河南、湖南、广东、广西、重庆、四川、贵州、云南、陕西	其他品种
35	锦鲤	*Cyprinus carpio*	品种	北京、天津、河北、山西、内蒙古、辽宁、吉林、黑龙江、上海、江苏、浙江、安徽、福建、江西、山东、河南、湖北、湖南、广东、广西、海南、重庆、四川、贵州、云南、陕西、甘肃、宁夏、新疆、新疆生产建设兵团	
36	鲫	*Carassius auratus*	原种	北京、天津、河北、山西、内蒙古、辽宁、吉林、黑龙江、上海、江苏、浙江、安徽、福建、江西、山东、河南、湖北、湖南、广东、广西、海南、重庆、四川、贵州、云南、西藏、陕西、甘肃、青海、宁夏、新疆、新疆生产建设兵团	
37	银鲫	*Carassius gibelio*	原种	北京、天津、河北、山西、内蒙古、辽宁、吉林、黑龙江、上海、江苏、浙江、安徽、福建、江西、山东、河南、湖北、湖南、广东、广西、重庆、四川、贵州、云南、陕西、甘肃、新疆、新疆生产建设兵团	
38	日本白鲫	*Carassius cuvieri*	引进种	天津、山西、辽宁、吉林、江苏、浙江、安徽、福建、江西、山东、河南、湖南、广东、广西、重庆、陕西、新疆	
39	彭泽鲫	*Carassius gibelio*	品种	北京、天津、河北、山西、内蒙古、辽宁、吉林、黑龙江、江苏、浙江、安徽、福建、江西、山东、河南、湖北、湖南、广东、广西、重庆、四川、贵州、云南、陕西、甘肃、宁夏、新疆、新疆生产建设兵团	
40	松浦银鲫	*Carassius gibelio*	品种	内蒙古、辽宁、黑龙江、江苏、安徽、江西、河南、湖北、广东、广西、四川、云南、陕西、甘肃、新疆	
41	异育银鲫	*Carassius gibelio*	品种	北京、天津、河北、山西、内蒙古、辽宁、吉林、黑龙江、上海、江苏、浙江、安徽、福建、江西、山东、湖北、湖南、广东、广西、重庆、四川、贵州、云南、陕西、甘肃、宁夏、新疆、新疆生产建设兵团	

（续）

序号	名称	学名	类型	主要养殖区域	备注
42	湘云鲫	/	品种	北京、河北、山西、辽宁、吉林、黑龙江、上海、江苏、浙江、安徽、福建、江西、山东、河南、湖北、湖南、广东、广西、重庆、四川、贵州、云南、陕西、甘肃、新疆、新疆生产建设兵团	
43	红白长尾鲫	*Carassius auratus*	品种	天津、河北、山西、内蒙古、辽宁、吉林、黑龙江、江苏、浙江、安徽、福建、江西、山东、河南、湖南、广东、广西、重庆、四川、云南、陕西、甘肃、新疆、新疆生产建设兵团	
44	蓝花长尾鲫	*Carassius auratus*	品种	天津、河北、辽宁、吉林、江苏、浙江、安徽、江西、山东、河南、湖北、湖南、广东、重庆、四川、贵州、陕西、甘肃	
45	杂交黄金鲫	/	品种	北京、天津、河北、山西、内蒙古、辽宁、吉林、黑龙江、上海、江苏、浙江、安徽、福建、江西、山东、河南、湖北、湖南、广东、广西、重庆、四川、贵州、云南、陕西、甘肃	
46	萍乡红鲫	*Carassius gibelio*	品种	辽宁、吉林、江西、湖北、湖南、四川、云南、陕西	
47	异育银鲫"中科3号"	*Carassius gibelio*	品种	天津、河北、山西、内蒙古、辽宁、吉林、黑龙江、江苏、浙江、安徽、福建、江西、山东、河南、湖北、湖南、广东、广西、重庆、四川、贵州、云南、陕西、甘肃、宁夏、新疆、新疆生产建设兵团	
48	湘云鲫2号	/	品种	吉林、黑龙江、江苏、浙江、安徽、福建、江西、山东、河南、湖北、湖南、广东、广西、重庆、四川、贵州、云南	
49	芙蓉鲤鲫	/	品种	吉林、江苏、福建、江西、山东、湖南、广东、重庆、四川、云南、新疆	
50	津新乌鲫	/	品种	天津、河北、辽宁、吉林、黑龙江、江苏、安徽、福建、湖北、重庆、四川、云南、陕西	
51	长丰鲫	/	品种	河北、山西、江苏、浙江、安徽、福建、江西、河南、湖北、湖南、广西、重庆、四川、云南、陕西、甘肃	
52	白金丰产鲫	*Carassius gibelio*	品种	山西、辽宁、吉林、黑龙江、江苏、浙江、福建、江西、湖南、广东、广西、重庆、四川、云南、甘肃、新疆	
53	赣昌鲤鲫	/	品种	安徽、江西、四川	
54	合方鲫	/	品种	山西、吉林、江苏、浙江、福建、湖南、广东、重庆、云南	
55	异育银鲫"中科5号"	*Carassius gibelio*	品种	北京、山西、内蒙古、辽宁、吉林、黑龙江、上海、江苏、浙江、安徽、福建、江西、山东、河南、湖北、湖南、广东、广西、重庆、四川、贵州、云南、陕西、甘肃、宁夏、新疆	

（续）

序号	名称	学名	类型	主要养殖区域	备注
56	金鱼	*Carassius auratus*	品种	北京、天津、河北、山西、辽宁、黑龙江、上海、江苏、浙江、安徽、福建、江西、山东、河南、湖北、湖南、广东、广西、重庆、四川、贵州、云南、陕西、甘肃、宁夏、新疆生产建设兵团	其他品种
57	团头鲂	*Megalobrama amblycephala*	原种	北京、天津、河北、山西、内蒙古、辽宁、吉林、黑龙江、上海、江苏、浙江、安徽、福建、江西、山东、河南、湖北、湖南、广东、广西、重庆、四川、贵州、云南、陕西、甘肃、宁夏、新疆、新疆生产建设兵团	
58	三角鲂	*Megalobrama terminalis*	原种	辽宁、江苏、浙江、安徽、江西、山东、河南、湖北、湖南、广东、广西、重庆、四川	
59	翘嘴鲌	*Culter alburnus*	原种	天津、山西、内蒙古、辽宁、吉林、黑龙江、上海、江苏、浙江、安徽、福建、江西、山东、河南、湖北、湖南、广东、广西、重庆、四川、贵州、云南、陕西	
60	鳊	*Parabramis pekinensis*	原种	吉林、黑龙江、上海、江苏、浙江、安徽、福建、江西、山东、河南、湖北、湖南、广东、广西、重庆、四川、贵州、云南、陕西	
61	团头鲂"浦江1号"	*Megalobrama amblycephala*	品种	北京、天津、山西、内蒙古、辽宁、吉林、黑龙江、上海、江苏、浙江、安徽、福建、江西、山东、湖北、湖南、广西、四川、贵州、云南、陕西、甘肃、新疆、新疆生产建设兵团	
62	团头鲂"华海1号"	*Megalobrama amblycephala*	品种	北京、天津、内蒙古、吉林、黑龙江、江苏、安徽、福建、江西、山东、湖北、湖南、广西、重庆、四川、贵州、云南、陕西、宁夏、新疆	
63	团头鲂"浦江2号"	*Megalobrama amblycephala*	品种	内蒙古、吉林、黑龙江、上海、江苏、浙江、安徽、福建、河南、湖北、湖南、重庆、四川、云南、新疆	
64	鳊鲴杂交鱼	/	品种	辽宁、黑龙江、江苏、浙江、河南、湖北、湖南、广东、重庆、四川、云南	
65	芦台鲂鲌	/	品种	天津、黑龙江、江苏、浙江、江西、湖北、重庆	
66	鲌鲂"先锋2号"	/	品种	吉林、江苏、浙江、江西、河南、湖北、云南	
67	杂交翘嘴鲂	/	品种	辽宁、江苏、浙江、福建、江西、湖南、广西、重庆	
68	杂交鲂鲌"皖江1号"	/	品种	安徽、广东、贵州	
69	翘嘴鲌"全雌1号"	*Culter alburnus*	品种	吉林、黑龙江、江苏、浙江、安徽、湖北、湖南、广东、广西、重庆、四川	
70	杂交鲌"先锋1号"	/	品种	河北、内蒙古、黑龙江、江苏、浙江、安徽、湖北、湖南、广东、重庆、四川、宁夏	
71	太湖鲂鲌	/	品种	上海、江苏、浙江、安徽、山东、湖北、广东	

（续）

序号	名称	学名	类型	主要养殖区域	备注
72	尼罗罗非鱼	*Oreochromis niloticus*	引进种	北京、天津、河北、山西、辽宁、吉林、上海、江苏、浙江、安徽、福建、江西、山东、河南、湖北、湖南、广东、广西、海南、重庆、四川、贵州、云南、陕西、甘肃、新疆、新疆生产建设兵团	
73	奥利亚罗非鱼	*Oreochromis aureus*	引进种	江苏、浙江、福建、广东、广西、海南、重庆	
74	莫桑比克罗非鱼	*Oreochromis mossambicus*	引进种	上海、浙江、福建、江西、河南、广东、广西、海南、四川、云南	
75	荷那龙罗非鱼	*Oreochromis urolepis*	引进种	广东、海南	
76	萨罗罗非鱼	*Sarotherodon melanotheron*	引进种	广东、海南	
77	吉富品系尼罗罗非鱼	*Oreochromis niloticus*	引进种	江苏、广东、广西	
78	红罗非鱼	*Oreochromis* sp.	引进种	河北、山西、浙江、福建、江西、河南、湖北、湖南、广东、广西、海南、重庆、贵州、云南、陕西	
79	"新吉富"罗非鱼	*Oreochromis niloticus*	品种	天津、河北、山西、内蒙古、江苏、安徽、福建、江西、山东、湖北、湖南、广东、广西、海南、重庆、四川、云南、西藏、甘肃、宁夏、新疆、新疆生产建设兵团	
80	吉富罗非鱼"中威1号"	*Oreochromis niloticus*	品种	河北、山西、辽宁、江苏、浙江、湖南、广东、广西、海南、云南、新疆	
81	罗非鱼"壮罗1号"	*Oreochromis niloticus*	品种	河北、山东、湖南、广东、广西、海南、贵州、云南	
82	尼罗罗非鱼"鹭雄1号"	*Oreochromis niloticus*	品种	山西、江苏、浙江、福建、山东、湖北、湖南、广东、广西、海南、重庆、四川、云南、陕西、新疆	
83	奥尼鱼	/	品种	江苏、浙江、安徽、福建、江西、山东、湖北、湖南、广东、广西、海南、重庆、四川、贵州、云南、陕西、甘肃、新疆、新疆生产建设兵团	
84	吉奥罗非鱼	/	品种	北京、天津、河北、山西、上海、江苏、浙江、福建、江西、山东、广东、广西、海南、重庆、云南、陕西、新疆、新疆生产建设兵团	
85	福寿鱼	/	品种	江苏、浙江、安徽、福建、湖北、湖南、广东、广西、海南、重庆	
86	罗非鱼"粤闽1号"	/	品种	天津、河北、山西、江苏、浙江、安徽、福建、江西、山东、湖北、湖南、广东、广西、海南、四川、贵州、云南、陕西	
87	"吉丽"罗非鱼	/	品种	河北、广东、广西、海南、云南	
88	"夏奥1号"奥利亚罗非鱼	*Oreochromis aurea*	品种	河北、江苏、广西、海南、云南	

（续）

序号	名称	学名	类型	主要养殖区域	备注
89	莫荷罗非鱼"广福1号"	/	品种	山西、辽宁、湖南、广东、广西、海南、重庆、云南、陕西	
90	大口黑鲈	*Micropterus salmoides*	引进种	北京、天津、河北、山西、内蒙古、辽宁、吉林、上海、江苏、浙江、安徽、福建、江西、山东、河南、湖北、湖南、广东、广西、海南、重庆、四川、贵州、云南、陕西、甘肃、青海、宁夏、新疆、新疆生产建设兵团	
91	大口黑鲈"优鲈1号"	*Micropterus salmoides*	品种	北京、天津、河北、山西、吉林、上海、江苏、浙江、安徽、福建、江西、山东、河南、湖北、湖南、广东、广西、重庆、四川、贵州、云南、陕西、甘肃、宁夏、新疆、新疆生产建设兵团	
92	大口黑鲈"优鲈3号"	*Micropterus salmoides*	品种	天津、河北、山西、上海、江苏、浙江、安徽、福建、江西、山东、河南、湖北、湖南、广东、广西、重庆、四川、贵州、云南、陕西、甘肃、宁夏、新疆	
93	乌鳢	*Channa argus*	原种	北京、天津、河北、山西、内蒙古、辽宁、吉林、黑龙江、上海、江苏、浙江、安徽、福建、江西、山东、河南、湖北、湖南、广东、广西、海南、重庆、四川、贵州、云南、陕西、甘肃、宁夏、新疆、新疆生产建设兵团	
94	斑鳢	*Channa maculata*	原种	浙江、山东、湖南、广东、广西、海南、四川、云南	
95	乌斑杂交鳢	/	品种	山西、上海、江苏、浙江、安徽、山东、河南、湖南、广东、广西、四川、云南、甘肃	
96	杂交鳢"杭鳢1号"	/	品种	江苏、浙江、山东、河南、广东、广西、重庆、四川、云南	
97	翘嘴鳜	*Siniperca chuatsi*	原种	北京、河北、山西、内蒙古、辽宁、吉林、黑龙江、上海、江苏、浙江、安徽、福建、江西、山东、河南、湖北、湖南、广东、广西、重庆、四川、贵州、甘肃、新疆、新疆生产建设兵团	
98	斑鳜	*Siniperca scherzeri*	原种	内蒙古、辽宁、吉林、上海、江苏、浙江、安徽、福建、江西、山东、河南、湖北、湖南、广东、广西、重庆、四川、贵州、云南、陕西、新疆	
99	大眼鳜	*Siniperca knerii*	原种	江苏、浙江、安徽、福建、江西、河南、湖北、湖南、广东、广西、重庆、四川、贵州	
100	翘嘴鳜"华康1号"	*Siniperca chuatsi*	品种	内蒙古、吉林、黑龙江、江苏、浙江、江西、湖北、湖南、广东、广西、重庆、云南、新疆	
101	翘嘴鳜"广清1号"	*Siniperca chuatsi*	品种	辽宁、吉林、黑龙江、江苏、浙江、安徽、江西、河南、湖北、湖南、广东、广西、四川、贵州、云南	
102	全雌翘嘴鳜"鼎鳜1号"	*Siniperca chuatsi*	品种	江西、湖北、湖南、广东、云南	
103	长珠杂交鳜	/	品种	天津、内蒙古、黑龙江、江苏、浙江、安徽、江西、湖北、湖南、广东、广西、重庆、四川、云南	

（续）

序号	名称	学名	类型	主要养殖区域	备注
104	秋浦杂交斑鳜	/	品种	辽宁、吉林、上海、江苏、浙江、安徽、福建、江西、河南、湖北、湖南、广东、广西、重庆、四川、贵州、云南、甘肃	
105	长吻鮠	*Tachysurus dumerili*	原种	河北、山西、上海、江苏、浙江、安徽、福建、江西、山东、河南、湖北、湖南、广东、广西、重庆、四川、贵州、云南、陕西、甘肃、宁夏	
106	斑点叉尾鲴	*Ictalurus punctatus*	引进种	北京、天津、河北、山西、内蒙古、辽宁、上海、江苏、浙江、安徽、福建、江西、山东、河南、湖北、湖南、广东、广西、海南、重庆、四川、贵州、云南、陕西、甘肃、宁夏、新疆、新疆生产建设兵团	
107	斑点叉尾鲴"江丰1号"	*Ictalurus punctatus*	品种	北京、天津、河北、山西、辽宁、黑龙江、上海、江苏、浙江、安徽、江西、山东、河南、湖北、湖南、广东、广西、重庆、四川、贵州、云南、陕西、甘肃、宁夏、新疆、新疆生产建设兵团	
108	胡子鲇	*Clarias fuscus*	原种	内蒙古、辽宁、吉林、江苏、浙江、安徽、江西、山东、河南、湖北、湖南、广东、广西、海南、重庆、四川、贵州、云南	
109	大口鲇	*Silurus meridionalis*	原种	天津、内蒙古、辽宁、吉林、江苏、浙江、安徽、福建、江西、山东、河南、湖北、湖南、广东、广西、海南、重庆、四川、贵州、云南、陕西、宁夏、新疆	
110	鲇	*Silurus asotus*	原种	北京、河北、山西、内蒙古、辽宁、吉林、黑龙江、上海、安徽、福建、江西、山东、河南、湖北、湖南、广东、广西、四川、贵州、云南、陕西	
111	怀头鲇	*Silurus soldatovi*	原种	内蒙古、辽宁、吉林、黑龙江、安徽、广西、四川、宁夏	
112	革胡子鲇	*Clarias gariepinus*	引进种	天津、山西、内蒙古、辽宁、吉林、江苏、浙江、安徽、福建、江西、山东、河南、湖北、湖南、广东、广西、海南、重庆、四川、贵州、云南、陕西、甘肃、新疆	
113	黄颡鱼	*Tachysurus fulvidraco*	原种	北京、天津、河北、山西、内蒙古、辽宁、吉林、黑龙江、上海、江苏、浙江、安徽、福建、江西、山东、河南、湖北、湖南、广东、广西、海南、重庆、四川、贵州、云南、陕西、甘肃、宁夏、新疆、新疆生产建设兵团	
114	瓦氏黄颡鱼	*Pseudobagrus vachellii*	原种	辽宁、江苏、浙江、安徽、江西、河南、湖北、湖南、广东、广西、重庆、四川、贵州、云南	
115	黄颡鱼"全雄1号"	*Pelteobagrus fulvidraco*	品种	山西、辽宁、黑龙江、上海、江苏、浙江、安徽、福建、江西、山东、河南、湖北、湖南、广东、广西、重庆、四川、贵州、云南、宁夏、新疆、新疆生产建设兵团	
116	杂交黄颡鱼"黄优1号"	/	品种	北京、天津、河北、山西、辽宁、吉林、江苏、浙江、安徽、福建、江西、山东、河南、湖北、湖南、广东、广西、重庆、四川、贵州、云南、陕西、甘肃	

（续）

序号	名称	学名	类型	主要养殖区域	备注
117	日本鳗鲡	*Anguilla japonica*	原种	河北、上海、江苏、浙江、安徽、福建、江西、山东、湖北、湖南、广东、广西、海南、四川、新疆	
118	美洲鳗鲡	*Anguilla rostrata*	引进种	江苏、安徽、福建、江西、湖北、湖南、广东、广西、海南、新疆	
119	双色鳗鲡	*Anguilla bicolor*	引进种	福建	
120	黄鳝	*Monopterus albus*	原种	内蒙古、辽宁、黑龙江、上海、江苏、浙江、安徽、福建、江西、山东、河南、湖北、湖南、广东、广西、海南、重庆、四川、贵州、云南、陕西	
121	泥鳅	*Misgurnus anguillicaudatus*	原种	北京、天津、河北、山西、内蒙古、辽宁、吉林、黑龙江、江苏、浙江、安徽、福建、江西、山东、河南、湖北、湖南、广东、广西、海南、重庆、四川、贵州、云南、陕西、甘肃、宁夏、新疆	
122	大鳞副泥鳅	*Paramisgurnus dabryanus*	原种	北京、天津、河北、内蒙古、辽宁、吉林、黑龙江、上海、江苏、浙江、安徽、福建、江西、山东、河南、湖北、湖南、广东、广西、重庆、四川、贵州、云南、宁夏、新疆	
123	杂交鲟"鲟龙1号"	/	品种	北京、天津、河北、山西、辽宁、吉林、黑龙江、江苏、浙江、安徽、福建、江西、山东、河南、湖北、湖南、广东、广西、重庆、四川、贵州、云南、陕西、甘肃、宁夏、新疆	
124	乌苏里白鲑	*Coregonus ussuriensis*	原种	黑龙江	
125	细鳞鲑	*Brachymystax lenok*	原种	河北、内蒙古、辽宁、吉林、黑龙江、甘肃	特许养殖
126	虹鳟	*Oncorhynchus mykiss*	引进种	北京、天津、河北、山西、内蒙古、辽宁、吉林、黑龙江、浙江、福建、山东、河南、湖北、湖南、广东、广西、重庆、四川、贵州、云南、西藏、陕西、甘肃、青海、宁夏、新疆、新疆生产建设兵团	
127	褐鳟	*Salmo trutta*	引进种	山西、辽宁、吉林、黑龙江、西藏、陕西、新疆、新疆生产建设兵团	
128	虹鳟"水科1号"	*Oncorhynchus mykiss*	品种	河北、山西、辽宁、吉林、黑龙江、安徽、江西、湖北、重庆、四川、云南、陕西、甘肃、新疆	
129	甘肃金鳟	*Oncorhynchus mykiss*	品种	山西、内蒙古、辽宁、吉林、福建、江西、四川、陕西、甘肃、宁夏、新疆	
130	暗纹东方鲀	*Takifugu obscurus*	原种	辽宁、上海、江苏、福建、广东	
131	暗纹东方鲀"中洋1号"	*Takifugu obscurus*	品种	江苏、福建、广东	
132	桂华鲮	*Bangana decora*	原种	福建、江西、河南、湖北、湖南、广东、广西、四川	
133	华鲮	*Bangana rendahli*	原种	安徽、广西、重庆、四川、贵州、云南	
134	湘华鲮	*Bangana tungting*	原种	湖北、湖南	
135	香鱼	*Plecoglossus altivelis*	原种	辽宁、浙江、福建、山东	

（续）

序号	名称	学名	类型	主要养殖区域	备注
136	香鱼"浙闽1号"	*Plecoglossus altivelis*	品种	辽宁、浙江	
137	棒花鱼	*Abbottina rivularis*	原种	江苏、安徽、湖南、广东、重庆、四川	
138	欧鳊	*Abramis brama*	引进种	新疆、新疆生产建设兵团	
139	无须鱊	*Acheilognathus gracilis*	原种	辽宁	
140	西伯利亚鲟	*Acipenser baerii*	原种	北京、河北、山西、内蒙古、辽宁、吉林、黑龙江、江苏、浙江、安徽、福建、江西、山东、河南、湖北、湖南、广东、广西、重庆、四川、贵州、云南、西藏、陕西、甘肃、新疆、新疆生产建设兵团	特许养殖
141	长江鲟	*Acipenser dabryanus*	原种	湖北、重庆、四川	特许养殖
142	俄罗斯鲟	*Acipenser gueldenstaedtii*	引进种	北京、河北、山西、内蒙古、辽宁、江苏、浙江、安徽、福建、江西、山东、湖北、湖南、广东、重庆、四川、贵州、云南、陕西、甘肃、宁夏、新疆	特许养殖
143	裸腹鲟	*Acipenser nudiventris*	原种	新疆	特许养殖
144	小体鲟	*Acipenser ruthenus*	原种	北京、河北、黑龙江、浙江、湖北、重庆、四川、新疆	特许养殖
145	施氏鲟	*Acipenser schrenckii*	原种	北京、河北、山西、内蒙古、辽宁、吉林、黑龙江、江苏、浙江、安徽、福建、江西、山东、河南、湖北、湖南、广东、广西、重庆、四川、贵州、云南、陕西、甘肃、宁夏、新疆	特许养殖
146	中华鲟	*Acipenser sinensis*	原种	辽宁、上海、福建、山东、湖北、广东、重庆	特许养殖
147	闪光鲟	*Acipenser stellatus*	引进种	北京	特许养殖
148	条纹光唇鱼	*Acrossocheilus fasciatus*	原种	浙江、安徽、江西、湖南、广西	
149	半刺光唇鱼	*Acrossocheilus hemispinus*	原种	福建、江西	
150	吉首光唇鱼	*Acrossocheilus jishouensis*	原种	贵州	
151	宽口光唇鱼	*Acrossocheilus monticola*	原种	浙江、福建、重庆、四川	
152	光唇鱼	*Acrossocheilus* sp.	原种	浙江、安徽、福建、江西、广东、广西	
153	温州光唇鱼	*Acrossocheilus wenchowensis*	原种	浙江、安徽、福建、广东	
154	云南光唇鱼	*Acrossocheilus yunnanensis*	原种	广西、重庆、贵州、云南	
155	卡拉白鱼	*Alburnus chalcoides*	引进种	辽宁、湖北	
156	云斑鮰	*Ameiurus nebulosus*	引进种	河北、吉林、黑龙江、浙江、安徽、河南、湖北、广东、四川、贵州、云南、甘肃、新疆、新疆生产建设兵团	
157	银白鱼	*Anabarilius alburnops*	原种	山东、云南	
158	星云白鱼	*Anabarilius andersoni*	原种	云南	

（续）

序号	名称	学名	类型	主要养殖区域	备注
159	多依河白鱼	*Anabarilius duoyiheensis*	原种	云南	
160	鱇浪白鱼	*Anabarilius grahami*	原种	四川、云南	
161	程海白鱼	*Anabarilius liui chenghaiensis*	原种	云南	
162	攀鲈	*Anabas testudineus*	原种	福建、江西、河南、广东、海南、四川、云南	
163	黑尾近红鲌	*Ancherythroculter nigrocauda*	原种	浙江、安徽、江西、湖北、重庆、四川	
164	花鳗鲡	*Anguilla marmorata*	原种	浙江、福建、江西、广东、广西、海南	特许养殖
165	中华细鲫	*Aphyocypris chinensis*	原种	内蒙古	
166	淡水石首鱼	*Aplodinotus grunniens*	引进种	江苏	
167	巨魾	*Bagarius bagarius*	原种	云南	特许养殖
168	红魾	*Bagarius rutilus*	原种	云南	特许养殖
169	脂高鲮	*Bangana lippus*	原种	湖南	
170	云南孟加拉鲮	*Bangana yunnanensis*	原种	广西	
171	北方须鳅	*Barbatula nuda*	原种	辽宁、吉林、黑龙江	
172	条半纹小鲃	*Barbodes semifasciolatus*	原种	湖南	
173	秦岭细鳞鲑	*Brachymystax tsinlingensis*	原种	山东、陕西、甘肃	特许养殖
174	钝吻细鳞鲑	*Brachymystax tumensis*	原种	河北、黑龙江、湖北	特许养殖
175	月鳢	*Channa asiatica*	原种	安徽、福建、江西、广东、广西、贵州、云南	
176	达氏鲌	*Chanodichthys dabryi*	原种	上海	
177	红鳍鲌	*Chanodichthys erythropterus*	原种	上海、重庆、四川	
178	蒙古鲌	*Chanodichthys mongolicus*	原种	黑龙江、上海、浙江、安徽、江西、河南、湖北、湖南、四川	
179	骨唇黄河鱼	*Chuanchia labiosa*	原种	湖南、甘肃	特许养殖
180	鲮	*Cirrhinus molitorella*	原种	江苏、浙江、安徽、福建、江西、湖北、湖南、广东、广西、四川、云南、陕西	
181	麦瑞加拉鲮	*Cirrhinus mrigala*	引进种	江苏、浙江、安徽、福建、江西、湖北、湖南、广东、广西、贵州、云南	
182	斑点胡子鲇	*Clarias macrocephalus*	引进种	江西、广西	
183	黑龙江花鳅	*Cobitis lutheri*	原种	吉林、黑龙江	
184	中华花鳅	*Cobitis sinensis*	原种	江苏、福建、江西、陕西	

（续）

序号	名称	学名	类型	主要养殖区域	备注
185	刀鲚	*Coilia nasus*	原种	辽宁、上海、江苏、浙江、安徽、湖北、广东、重庆	
186	宽鼻白鲑	*Coregonus nasus*	引进种	新疆	
187	高白鲑	*Coregonus peled*	引进种	内蒙古、新疆、新疆生产建设兵团	
188	圆口铜鱼	*Coreius guichenoti*	原种	湖北、四川、云南	特许养殖
189	铜鱼	*Coreius heterodon*	原种	江苏、江西、湖北、四川	
190	哈氏方口鲃	*Cosmochilus harmandi*	原种	云南	
191	杂色杜父鱼	*Cottus poecilopus*	原种	吉林	
192	长臀鮠	*Cranoglanis bouderius*	原种	广东、广西、海南、贵州	
193	海南长臀鮠	*Cranoglanis multiradiata*	原种	海南	
194	缅甸穗唇鲃	*Crossocheilus burmanicus*	原种	云南	
195	尖鳍鲤	*Cyprinus acutidorsalis*	原种	广东、广西	
196	春鲤	*Cyprinus longipectoralis*	原种	海南、云南、陕西	
197	龙州鲤	*Cyprinus longzhouensis*	原种	广西	
198	三角鲤	*Cyprinus multitaeniatus*	原种	广东、广西	
199	大头鲤	*Cyprinus pellegrini*	原种	辽宁、江西、广西、海南、云南	特许养殖
200	短鳔盘鮈	*Discogobio brachyphysallidos*	原种	云南	
201	云南盘鮈	*Discogobio yunnanensis*	原种	重庆、云南	
202	扁圆吻鲴	*Distoechodon compressus*	原种	福建	
203	大眼圆吻鲴	*Distoechodon macrophthalmus*	原种	云南	
204	圆吻鲴	*Distoechodon tumirostris*	原种	吉林、浙江、福建、江西、湖南	
205	尖头塘鳢	*Eleotris oxycephala*	原种	福建、广东	
206	美洲西鲱	*Alosa sapidissima*	引进种	上海、江苏、浙江、安徽、山东、湖北、湖南、贵州	
207	鳡	*Elopichthys bambusa*	原种	黑龙江、浙江、安徽、江西、湖南、广东、广西	
208	白斑狗鱼	*Esox lucius*	原种	河北、黑龙江、江苏、山东、陕西、新疆、新疆生产建设兵团	
209	黑斑狗鱼	*Esox reichertii*	原种	河北、黑龙江、山东	
210	黄石爬鳅	*Euchiloglanis kishinouyei*	原种	四川	
211	东北七鳃鳗	*Eudontomyzon morii*	原种	吉林	特许养殖
212	墨头鱼	*Garra imberba*	原种	贵州	
213	桥街墨头鱼	*Garra qiaojiensis*	原种	云南	

（续）

序号	名称	学名	类型	主要养殖区域	备注
214	腾冲墨头鱼	*Garra tengchongensis*	原种	云南	
215	黑斑原鮡	*Glyptosternon maculatum*	原种	西藏	特许养殖
216	似铜鮈	*Gobio coriparoides*	原种	福建	
217	祁连山裸鲤	*Gymnocypris chilianensis*	原种	甘肃	
218	花斑裸鲤	*Gymnocypris eckloni*	原种	广东、四川、甘肃、青海	
219	松潘裸鲤	*Gymnocypris potanini*	原种	四川	
220	青海湖裸鲤	*Gymnocypris przewalskii*	原种	河北、内蒙古、广西、贵州、甘肃、青海	特许养殖
221	厚唇裸重唇鱼	*Gymnodiptychus pachycheilus*	原种	辽宁、四川、甘肃	特许养殖
222	双孔鱼	*Gyrinocheilus aymonieri*	原种	广东、云南	特许养殖
223	大鳍鼓鳔鳅	*Hedinichthys macropterus*	原种	内蒙古	
224	斑鱯	*Hemibagrus guttatus*	原种	广东、广西、贵州	特许养殖
225	大鳍鱯	*Hemibagrus macropterus*	原种	湖北、湖南、重庆、四川、贵州	
226	丝尾鱯	*Hemibagrus wyckioides*	原种	广东、云南	
227	唇䱻	*Hemibarbus labeo*	原种	辽宁、吉林、黑龙江、浙江、四川、陕西	
228	花䱻	*Hemibarbus maculatus*	原种	天津、内蒙古、吉林、黑龙江、上海、江苏、浙江、安徽、福建、江西、山东、湖北、湖南、广西、重庆、四川、贵州、云南	
229	𩾃	*Hemiculter leucisculus*	原种	黑龙江、安徽、湖南、广东、重庆	
230	红尾副鳅	*Homatula variegata*	原种	四川、云南	
231	无量荷马条鳅	*Homatula wuliangensis*	原种	云南	
232	川陕哲罗鲑	*Hucho bleekeri*	原种	四川	特许养殖
233	太门哲罗鲑	*Hucho taimen*	原种	山西、内蒙古、辽宁、吉林、黑龙江、新疆、新疆生产建设兵团	特许养殖
234	达氏鳇	*Huso dauricus*	原种	北京、河北、辽宁、黑龙江、江苏、浙江、福建、山东、湖北、湖南、广东、广西、重庆、四川、云南、陕西、甘肃、新疆	特许养殖
235	欧洲鳇	*Huso huso*	引进种	北京、河北、黑龙江、浙江、江西、湖北	特许养殖
236	池沼公鱼	*Hypomesus olidus*	原种	河北、山西、内蒙古、辽宁、吉林、黑龙江、青海、新疆、新疆生产建设兵团	
237	大鳞四须鲃	*Hypsibarbus vernayi*	原种	上海、云南	

序号	名称	学名	类型	主要养殖区域	备注
238	美国大口胭脂鱼	*Ictiobus cyprinellus*	引进种	天津、上海、福建、湖北、湖南、广东、重庆、云南	
239	中华金沙鳅	*Jinshaia sinensis*	原种	湖北	
240	露斯塔野鲮	*Labeo rohita*	引进种	广东、广西、海南、云南	
241	蓝太阳鱼	*Lepomis cyanellus*	引进种	浙江、安徽、江西、湖北、广东	
242	蓝鳃太阳鱼	*Lepomis macrochirus*	引进种	天津、浙江、安徽、江西、湖北、湖南、广东、四川	
243	长薄鳅	*Leptobotia elongata*	原种	重庆、四川、云南	特许养殖
244	日本七鳃鳗	*Lethenteron camtschaticum*	原种	广东	特许养殖
245	贝加尔雅罗鱼	*Leuciscus baicalensis*	原种	内蒙古、新疆、新疆生产建设兵团	
246	黄河雅罗鱼	*Leuciscus chuanchicus*	原种	内蒙古	
247	圆腹雅罗鱼	*Leuciscus idus*	原种	辽宁、新疆、新疆生产建设兵团	
248	准噶尔雅罗鱼	*Leuciscus merzbacheri*	原种	新疆生产建设兵团	
249	瓦氏雅罗鱼	*Leuciscus waleckii*	原种	北京、内蒙古、辽宁、吉林、黑龙江	
250	拟缘鿕	*Liobagrus marginatoides*	原种	湖北	
251	白缘鿕	*Liobagrus marginatus*	原种	湖北、四川	
252	江鳕	*Lota lota*	原种	浙江、江西、湖北、广西、四川、新疆、新疆生产建设兵团	
253	短头梭鲃	*Luciobarbus brachycephalus*	原种	上海、云南	
254	大鳞鲃	*Luciobarbus capito*	引进种	天津、河北、山西、内蒙古、辽宁、黑龙江、上海、江苏、浙江、安徽、福建、江西、山东、湖北、湖南、广东、广西、重庆、四川、贵州、云南、陕西、新疆	
255	单纹似鱤	*Luciocyprinus langsoni*	原种	江苏、广西	特许养殖
256	虫纹鳕鲈	*Maccullochella peelii*	引进种	内蒙古、上海、江苏、浙江、安徽、江西、山东、广东、广西、陕西	
257	圆尾斗鱼	*Macropodus ocellatus*	原种	福建、广东、广西、四川	
258	盖斑斗鱼	*Macropodus opercularis*	原种	福建、广东	
259	大刺鳅	*Mastacembelus armatus*	原种	福建、江西、广东、海南	
260	广东鲂	*Megalobrama hoffmanni*	原种	广东	
261	厚颌鲂	*Megalobrama pellegrini*	原种	江苏、江西、湖北、重庆、四川	
262	湄南缺鳍鲇	*Micronema cheveyi*	原种	云南	
263	黑龙江泥鳅	*Misgurnus mohoity*	原种	河北、吉林、黑龙江	

（续）

序号	名称	学名	类型	主要养殖区域	备注
264	胭脂鱼	*Myxocyprinus asiaticus*	原种	天津、山西、上海、江苏、浙江、安徽、福建、江西、河南、湖北、湖南、广东、广西、重庆、四川、贵州、云南、宁夏	特许养殖
265	保山新光唇鱼	*Neolissochilus baoshanensis*	原种	云南	
266	软鳍新光唇鱼	*Neolissochilus benasi*	原种	云南	
267	异口新光唇鱼	*Neolissochilus heterostomus*	原种	云南	
268	墨脱新光唇鱼	*Neolissochilus hexagonolepis*	原种	西藏	
269	太湖新银鱼	*Neosalanx taihuensis*	原种	江苏、江西、河南、四川、云南、陕西	
270	河川沙塘鳢	*Odontobutis potamophilus*	原种	上海、江苏、浙江、安徽、湖北	
271	中华沙塘鳢	*Odontobutis sinensis*	原种	江苏、浙江、安徽、江西、湖北、广东	
272	鸭绿沙塘鳢	*Odontobutis yaluensis*	原种	辽宁	
273	大麻哈鱼	*Oncorhynchus keta*	原种	辽宁、黑龙江、湖北	
274	银鲑	*Oncorhynchus kisutch*	引进种	辽宁、浙江	
275	马苏大麻哈鱼	*Oncorhynchus masou*	原种	北京、河北、内蒙古、吉林、黑龙江、福建、山东	特许养殖
276	四川白甲鱼	*Onychostoma angustistomatum*	原种	湖南、重庆、四川	特许养殖
277	台湾铲颌鱼	*Onychostoma barbatulum*	原种	浙江	
278	粗须白甲鱼	*Onychostoma barbatum*	原种	江西、湖南、贵州	
279	南方白甲鱼	*Onychostoma gerlachi*	原种	福建、江西、广东、广西、贵州、云南	
280	小口白甲鱼	*Onychostoma lini*	原种	湖北、湖南、广东	
281	多鳞白甲鱼	*Onychostoma macrolepis*	原种	山东、湖北、湖南、重庆、四川、陕西	特许养殖
282	稀有白甲鱼	*Onychostoma rarum*	原种	湖南	
283	白甲鱼	*Onychostoma simum*	原种	浙江、福建、河南、湖北、广西、重庆、四川、贵州	
284	马口鱼	*Opsariichthys bidens*	原种	辽宁、浙江、安徽、福建、江西、河南、湖北、湖南、广西、重庆、四川、贵州、云南	
285	青鳉	*Oryzias latipes*	原种	重庆	
286	中华青鳉	*Oryzias sinensis*	原种	云南	
287	线纹尖塘鳢	*Oxyeleotris lineolata*	引进种	广东	
288	云斑尖塘鳢	*Oxyeleotris marmorata*	引进种	浙江、广东、广西、海南、云南	
289	尖裸鲤	*Oxygymnocypris stewartii*	原种	西藏	特许养殖

（续）

序号	名称	学名	类型	主要养殖区域	备注
290	苏氏圆腹鲑	*Pangasianodon hypophthalmus*	引进种	湖南、广东、广西、海南、四川、云南、陕西	
291	长丝鲑	*Pangasius sanitwongsei*	原种	广西	特许养殖
292	花斑副沙鳅	*Parabotia fasciatus*	原种	四川	
293	似刺鳊鮈	*Paracanthobrama guichenoti*	原种	上海	
294	异华鲮	*Parasinilabeo assimilis*	原种	广东	
295	长须黄颡鱼	*Pelteobagrus eupogon*	原种	福建、江西	
296	乌苏里拟鲿	*Pelteobagrus ussuriensis*	原种	山西、黑龙江、浙江、湖北、广东、广西、重庆、四川、贵州	
297	河鲈	*Perca fluviatilis*	原种	河北、山西、内蒙古、辽宁、吉林、黑龙江、浙江、安徽、福建、江西、山东、湖北、广东、广西、贵州、陕西、甘肃、宁夏、新疆、新疆生产建设兵团	
298	葛氏鲈塘鳢	*Perccottus glenii*	原种	河北、吉林、黑龙江	
299	金沙鲈鲤	*Percocypris pingi*	原种	重庆、四川、贵州、云南	特许养殖
300	花鲈鲤	*Percocypris regani*	原种	云南	特许养殖
301	后背鲈鲤	*Percocypris tchangi*	原种	重庆、四川、云南	特许养殖
302	滨河亮背鲇	*Phalacronotus bleekeri*	原种	云南	
303	真鱥	*Phoxinus phoxinus*	原种	北京、安徽	
304	短盖巨脂鲤	*Piaractus brachypomus*	引进种	天津、河北、吉林、江苏、浙江、安徽、福建、江西、山东、河南、湖北、湖南、广东、广西、海南、重庆、四川、云南、陕西	
305	细鳞斜颌鲴	*Plagiognathops microlepis*	原种	天津、辽宁、吉林、黑龙江、上海、江苏、浙江、安徽、江西、山东、湖北、湖南、四川	
306	极边扁咽齿鱼	*Platypharodon extremus*	原种	甘肃	特许养殖
307	匙吻鲟	*Polyodon spathula*	引进种	天津、河北、山西、内蒙古、辽宁、吉林、黑龙江、江苏、浙江、安徽、福建、江西、山东、河南、湖北、湖南、广东、广西、重庆、四川、贵州、云南、陕西、甘肃	特许养殖
308	黑斑刺盖太阳鱼	*Pomoxis nigromaculatus*	引进种	江苏、浙江、福建、广西、云南	
309	抚仙吻孔鲃	*Poropuntius fuxianhuensis*	原种	云南	
310	云南吻孔鲃	*Poropuntius huangchuchieni*	原种	云南	
311	珍珠釭	*Potamotrygon motoro*	引进种	河北、浙江、湖南、广东、甘肃	

（续）

序号	名称	学名	类型	主要养殖区域	备注
312	乌原鲤	*Procypris mera*	原种	湖南、广东、广西、重庆、四川、贵州	特许养殖
313	岩原鲤	*Procypris rabaudi*	原种	江西、湖北、广东、重庆、四川、贵州、云南、甘肃	特许养殖
314	大银鱼	*Protosalanx chinensis*	原种	山西、内蒙古、辽宁、吉林、黑龙江、江苏、山东、河南、湖北、湖南、陕西、新疆	
315	勃氏雅罗鱼	*Pseudaspius brandtii*	原种	北京、辽宁、吉林、黑龙江、湖南	
316	拟赤梢鱼	*Pseudaspius leptocephalus*	原种	黑龙江、湖北、湖南	
317	中臀拟鲿	*Pseudobagrus medianalis*	原种	云南	
318	盎堂拟鲿	*Pseudobagrus ondon*	原种	浙江	
319	似鳊	*Pseudobrama simoni*	原种	上海	
320	三齿华缨鱼	*Pseudocrossocheilus tridentis*	原种	云南	
321	泉水鱼	*Pseudogyrinocheilus prochilus*	原种	重庆	
322	麦穗鱼	*Pseudorasbora parva*	原种	辽宁、吉林、黑龙江、浙江、安徽、河南、湖北、湖南、广东、广西、贵州、云南	
323	卷口鱼	*Ptychidio jordani*	原种	广东、广西	
324	鲃鲤	*Puntioplites proctozystron*	原种	云南	
325	长鳍吻鮈	*Rhinogobio ventralis*	原种	湖北、四川	特许养殖
326	波氏吻虾虎鱼	*Rhinogobius cliffordpopei*	原种	广东	
327	子陵吻虾虎鱼	*Rhinogobius giurinus*	原种	广东	
328	彩石鳑鲏	*Rhodeus lighti*	原种	黑龙江、四川	
329	拉氏大吻鱥	*Rhynchocypris lagowskii*	原种	天津、内蒙古、辽宁、吉林、黑龙江、浙江、安徽、福建、山东、湖北、重庆、四川	
330	尖头大吻鱥	*Rhynchocypris oxycephala*	原种	浙江、湖南、四川	
331	湖鱥	*Rhynchocypris percnura*	原种	黑龙江、甘肃	
332	湖拟鲤	*Rutilus rutilus*	原种	新疆	
333	白斑红点鲑	*Salvelinus leucomaenis*	原种	辽宁、吉林、黑龙江	
334	花羔红点鲑	*Salvelinus malma*	原种	内蒙古、吉林、黑龙江、浙江、江西、四川	特许养殖
335	梭鲈	*Sander lucioperca*	原种	天津、山西、黑龙江、山东、河南、湖北、湖南、广东、四川、贵州、宁夏、新疆、新疆生产建设兵团	
336	华鳈	*Sarcocheilichthys sinensis*	原种	上海	
337	蛇鮈	*Saurogobio dabryi*	原种	吉林、黑龙江	

（续）

序号	名称	学名	类型	主要养殖区域	备注
338	横纹南鳅	*Schistura fasciolata*	原种	云南	
339	多纹南鳅	*Schistura polytaenia*	原种	云南	
340	软刺裸裂尻鱼	*Schizopygopsis malacanthus*	原种	四川、西藏	
341	黄河裸裂尻鱼	*Schizopygopsis pylzovi*	原种	四川、贵州、甘肃、青海	
342	拉萨裸裂尻鱼	*Schizopygopsis younghusbandi*	原种	西藏	
343	细鳞裂腹鱼	*Schizothorax chongi*	原种	湖北、四川、云南	特许养殖
344	重口裂腹鱼	*Schizothorax davidi*	原种	重庆、四川、贵州、云南、西藏、甘肃、青海	特许养殖
345	长丝裂腹鱼	*Schizothorax dolichonema*	原种	四川、云南、西藏	
346	昆明裂腹鱼	*Schizothorax grahami*	原种	四川、贵州、云南	
347	灰裂腹鱼	*Schizothorax griseus*	原种	贵州、云南	
348	四川裂腹鱼	*Schizothorax kozlovi*	原种	湖北、四川、贵州、云南、西藏、甘肃	
349	澜沧裂腹鱼	*Schizothorax lantsangensis*	原种	云南、西藏	
350	光唇裂腹鱼	*Schizothorax lissolabiatus*	原种	云南、西藏	
351	巨须裂腹鱼	*Schizothorax macropogon*	原种	西藏	特许养殖
352	南方裂腹鱼	*Schizothorax meridionalis*	原种	云南	
353	怒江裂腹鱼	*Schizothorax nukiangensis*	原种	云南	
354	异齿裂腹鱼	*Schizothorax oconnori*	原种	西藏	
355	小裂腹鱼	*Schizothorax parvus*	原种	云南	
356	齐口裂腹鱼	*Schizothorax prenanti*	原种	浙江、福建、湖北、广东、重庆、四川、贵州、云南、陕西、甘肃、青海	
357	大理裂腹鱼	*Schizothorax taliensis*	原种	云南	特许养殖
358	拉萨裂腹鱼	*Schizothorax waltoni*	原种	西藏	特许养殖
359	短须裂腹鱼	*Schizothorax wangchiachii*	原种	湖北、四川、云南、西藏	
360	云南裂腹鱼	*Schizothorax yunnanensis*	原种	贵州、云南	
361	美丽硬仆骨舌鱼	*Scleropages formosus*	引进种	河北、浙江、福建、广东、陕西	特许养殖
362	澳洲宝石鲈	*Scortum barcoo*	引进种	浙江、福建、河南、湖北、广东、广西	
363	唇鲮	*Semilabeo notabilis*	原种	广东、广西、贵州	
364	暗色唇鲮	*Semilabeo obscurus*	原种	广西、贵州、云南	
365	欧鲇	*Silurus glanis*	引进种	新疆	

（续）

序号	名称	学名	类型	主要养殖区域	备注
366	兰州鲇	*Silurus lanzhouensis*	原种	山西、内蒙古、陕西、甘肃、宁夏	
367	中华沙鳅	*Sinibotia superciliaris*	原种	四川	
368	四川华鳊	*Sinibrama taeniatus*	原种	四川	
369	中华刺鳅	*Sinobdella sinensis*	原种	广东	
370	狭孔金线鲃	*Sinocyclocheilus angustiporus*	原种	云南	特许养殖
371	滇池金线鲃	*Sinocyclocheilus grahami*	原种	云南	特许养殖
372	滇池金线鲃"鲃优1号"	*Sinocyclocheilus grahami*	品种	云南	
373	尖头金线鲃	*Sinocyclocheilus oxycephalus*	原种	云南	特许养殖
374	曲靖金线鲃	*Sinocyclocheilus qujingensis*	原种	云南	特许养殖
375	犀角金线鲃	*Sinocyclocheilus rhinocerous*	原种	云南	特许养殖
376	抚仙金线鲃	*Sinocyclocheilus tingi*	原种	云南	特许养殖
377	西畴金线鲃	*Sinocyclocheilus xichouensis*	原种	云南	特许养殖
378	刺鲃	*Spinibarbus caldwelli*	原种	浙江、福建、江西、广西、云南	
379	倒刺鲃	*Spinibarbus denticulatus*	原种	浙江、安徽、福建、江西、湖南、广东、广西、海南、贵州、云南	
380	中华倒刺鲃	*Spinibarbus sinensis*	原种	浙江、安徽、福建、江西、湖北、湖南、广东、广西、重庆、四川、贵州、云南、陕西	
381	银鮈	*Squalidus argentatus*	原种	湖南	
382	赤眼鳟	*Squaliobarbus curriculus*	原种	山西、内蒙古、吉林、黑龙江、上海、江苏、浙江、福建、江西、山东、河南、湖北、湖南、广东、广西、重庆、四川、贵州、云南、宁夏	
383	光泽黄颡鱼	*Tachysurus nitidus*	原种	江苏、浙江、福建、江西、湖南、四川、新疆	
384	北极茴鱼	*Thymallus arcticus*	原种	新疆	
385	黑龙江茴鱼	*Thymallus grubii*	原种	吉林、黑龙江	
386	鸭绿江茴鱼	*Thymallus yaluensis*	原种	吉林	
387	丁鱥	*Tinca tinca*	原种	内蒙古、辽宁、吉林、黑龙江、江苏、浙江、安徽、福建、江西、河南、湖北、湖南、广东、广西、重庆、四川、贵州、云南、陕西、甘肃、新疆、新疆生产建设兵团	
388	中国结鱼	*Tor sinensis*	原种	云南	
389	似野结鱼	*Tor tambroides*	原种	广东、广西	

（续）

序号	名称	学名	类型	主要养殖区域	备注
390	松江鲈	*Trachidermus fasciatus*	原种	天津、上海、浙江、山东	特许养殖
391	丝鳍毛足鲈	*Trichogaster Trichopterus*	原种	天津、辽宁、广东、四川、陕西	
392	前鳍高原鳅	*Triplophysa anterodorsalis*	原种	四川	
393	贝氏高原鳅	*Triplophysa bleekeri*	原种	四川	
394	黄河高原鳅	*Triplophysa pappenheimi*	原种	四川	
395	拟鲇高原鳅	*Triplophysa siluroides*	原种	四川、甘肃	特许养殖
396	斯氏高原鳅	*Triplophysa stolickai*	原种	新疆生产建设兵团	
397	叉尾鲇	*Wallago attu*	原种	广东、广西、云南	
398	黄尾鲴	*Xenocypris davidi*	原种	河北、黑龙江、上海、江苏、浙江、安徽、福建、江西、山东、湖北、湖南、广东、贵州	
399	银鲴	*Xenocypris macrolepis*	原种	江西、湖北、湖南、广西	
400	异鳔鳅鮀	*Xenophysogobio boulengeri*	原种	四川	
401	剑尾鱼	*Xiphophorus hellerii*	引进种	辽宁、安徽、福建、广东、海南、四川	
402	长背云南鳅	*Yunnanilus longidorsalis*	原种	云南	
403	黑体云南鳅	*Yunnanilus niger*	原种	云南	
404	宽鳍鱲	*Zacco platypus*	原种	浙江、安徽、云南	

（二）海水鱼类

序号	名称	学名	类型	主要养殖区域	备注
1	大黄鱼	*Larimichthys crocea*	原种	辽宁、江苏、浙江、福建、山东、广东、广西、海南	
2	大黄鱼"闽优1号"	*Larimichthys crocea*	品种	江苏、浙江、福建	
3	大黄鱼"东海1号"	*Larimichthys crocea*	品种	浙江、广东	
4	大黄鱼"甬岱1号"	*Larimichthys crocea*	品种	浙江、福建	
5	卵形鲳鲹	*Trachinotus ovatus*	原种	浙江、福建、广东、广西、海南	
6	布氏鲳鲹	*Trachinotus blochii*	原种	广东、海南	
7	鞍带石斑鱼	*Epinephelus lanceolatus*	原种	浙江、福建、山东、广东、广西、海南、甘肃	
8	棕点石斑鱼	*Epinephelus fuscoguttatus*	原种	浙江、福建、山东、广东、广西、海南	
9	点带石斑鱼	*Epinephelus malabaricus*	原种	福建、广东、海南	
10	青石斑鱼	*Epinephelus awoara*	原种	浙江、福建、山东、广东、广西、海南	
11	赤点石斑鱼	*Epinephelus akaara*	原种	浙江、安徽、福建、广东、广西、海南	

（续）

序号	名称	学名	类型	主要养殖区域	备注
12	云纹石斑鱼	*Epinephelus moara*	原种	浙江、福建、山东、广东、广西、海南	
13	三斑石斑鱼	*Epinephelus trimaculatus*	原种	山东、广东、海南	
14	斜带石斑鱼	*Epinephelus coioides*	原种	福建、广东	
15	虎龙杂交斑	/	品种	天津、河北、浙江、安徽、福建、山东、广东、广西、海南	
16	云龙石斑鱼	/	品种	天津、福建、山东、广东、广西、海南	
17	杉虎石斑鱼	/	品种	福建、广东、海南	其他品种
18	驼背鲈	*Chromileptes altivelis*	原种	河北、山东、广东、海南、甘肃	
19	豹纹鳃棘鲈	*Plectropomus leopardus*	原种	浙江、福建、广东、广西、海南	
20	红九棘鲈	*Cephalopholis sonnerati*	原种	海南	
21	花鲈	*Lateolabrax maculatus*	原种	天津、河北、内蒙古、辽宁、黑龙江、上海、江苏、浙江、福建、山东、湖南、广东、广西、海南	
22	牙鲆	*Paralichthys olivaceus*	原种	天津、河北、辽宁、江苏、山东	
23	牙鲆"鲆优1号"	*Paralichthys olivaceus*	品种	辽宁、山东	
24	牙鲆"北鲆1号"	*Paralichthys olivaceus*	品种	河北、辽宁、山东	
25	北鲆2号	*Paralichthys olivaceus*	品种	河北	
26	牙鲆"鲆优2号"	*Paralichthys olivaceus*	品种	辽宁、山东	
27	大菱鲆	*Scophthalmus maximus*	引进种	天津、河北、辽宁、江苏、浙江、福建、山东	
28	大菱鲆"丹法鲆"	*Scophthalmus maximus*	品种	山东	
29	大菱鲆"多宝1号"	*Scophthalmus maximus*	品种	天津、河北、辽宁、山东	
30	半滑舌鳎	*Cynoglossus semilaevis*	原种	天津、河北、江苏、浙江、福建、山东、广东	
31	半滑舌鳎"鳎优1号"	*Cynoglossus semilaevis*	品种	天津、河北、山东	
32	真鲷	*Pagrus major*	原种	天津、浙江、福建、山东、广东、广西	
33	黑棘鲷	*Acanthopagrus schlegelii*	原种	天津、江苏、浙江、福建、山东、河南、湖北、广东、广西、海南	
34	黄鳍棘鲷	*Acanthopagrus latus*	原种	浙江、福建、广东、广西、海南	
35	条石鲷	*Oplegnathus fasciatus*	原种	浙江、山东	
36	斑石鲷	*Oplegnathus punctatus*	原种	天津、浙江、福建、广东、广西	
37	花尾胡椒鲷	*Plectorhinchus cinctus*	原种	广东、广西、海南	
38	红笛鲷	*Lutjanus sanguineus*	原种	福建、广东	
39	平鲷	*Rhabdosargus sarba*	原种	福建、广东、广西	

（续）

序号	名称	学名	类型	主要养殖区域	备注
40	紫红笛鲷	*Lutjanus argentimaculatus*	原种	福建、广西	
41	红鳍笛鲷	*Lutjanus erythropterus*	原种	福建、广东、广西、海南	
42	眼斑拟石首鱼	*Sciaenops ocellatus*	引进种	浙江、福建、广东、广西	
43	军曹鱼	*Rachycentron canadum*	原种	福建、广东、广西、海南	
44	五条鰤	*Seriola quinqueradiata*	原种	广东	
45	黄条鰤	*Seriola lalandi*	原种	辽宁、福建、山东	
46	高体鰤	*Seriola dumerili*	原种	福建、海南	
47	红鳍东方鲀	*Takifugu rubripes*	原种	天津、河北、辽宁、山东、广东	
48	黄鳍东方鲀	*Takifugu xanthopterus*	原种	辽宁、山东、广东	
49	双斑东方鲀	*Takifugu bimaculatus*	原种	河北、福建、广东	
50	菊黄东方鲀	*Takifugu flavidus*	原种	河北、上海、江苏、福建、山东	
51	四指马鲅	*Eleutheronema tetradactylum*	原种	浙江、广东、广西、海南	
52	黄姑鱼	*Nibea albiflora*	原种	天津、江苏、浙江、福建、山东、广东	
53	鮸状黄姑鱼	*Argyrosomus amoyensis*	原种	浙江、福建	
54	日本白姑鱼	*Argyrosomus japonicus*	原种	浙江	
55	浅色黄姑鱼	*Nibea coibor*	原种	福建、广东	
56	双棘黄姑鱼	*Protonibea diacanthus*	原种	广东	
57	棘头梅童鱼	*Collichthys lucidus*	原种	浙江	
58	黄姑鱼"金鳞1号"	*Nibea albiflora*	品种	福建	
59	管海马	*Hippocampus kuda*	原种	福建	特许养殖
60	日本海马	*Hippocampus mohnikei*	原种	山东、广东	特许养殖
61	三斑海马	*Hippocampus trimaculatus*	原种	福建、广东、广西、海南	特许养殖
62	膨腹海马	*Hippocampus abdominalis*	引进种	福建、山东、广东	特许养殖
63	许氏平鲉	*Sebastes schlegelii*	原种	天津、河北、辽宁、江苏、浙江、山东	
64	绿鳍马面鲀	*Thamnaconus septentrionalis*	原种	江苏、浙江、福建、山东	
65	斑尾刺虾虎鱼	*Acanthogobius ommaturus*	原种	上海	
66	黄鲻	*Ellochelon vaigiensis*	原种	广东	

（续）

序号	名称	学名	类型	主要养殖区域	备注
67	眼斑双锯鱼	*Amphiprion ocellaris*	原种	广东、广西、海南	
68	黄唇鱼	*Bahaba taipingensis*	原种	广东	特许养殖
69	大弹涂鱼	*Boleophthalmus pectinirostris*	原种	福建、广东、广西	
70	中华乌塘鳢	*Bostrychus sinensis*	原种	福建、广西	
71	珍鲹	*Caranx ignobilis*	原种	海南	
72	条纹锯鮨	*Centropristis striata*	引进种	浙江、福建、山东	
73	虱目鱼	*Chanos chanos*	原种	广东	
74	星康吉鳗	*Conger myriaster*	原种	山东	
75	三线舌鳎	*Cynoglossus trigrammus*	原种	广东	
76	蓝圆鲹	*Decapterus maruadsi*	原种	辽宁、福建、广东	
77	六斑刺鲀	*Diodon holocanthus*	原种	海南	
78	褐石斑鱼	*Epinephelus bruneus*	原种	福建、广东、海南	
79	细点石斑鱼	*Epinephelus cyanopodus*	原种	广东、广西、海南	
80	清水石斑鱼	*Epinephelus polyphekadion*	原种	福建、广东、广西、海南	
81	巨石斑鱼	*Epinephelus tauvina*	原种	广东、海南	
82	蓝身大斑石斑鱼	*Epinephelus tukula*	原种	广东、海南	
83	黄鹂无齿鲹	*Gnathanodon speciosus*	原种	海南	
84	黑鳍髭鲷	*Hapalogenys nigripinnis*	原种	浙江、福建、广东、广西	
85	大泷六线鱼	*Hexagrammos otakii*	原种	天津、山东	
86	七带石斑鱼	*Hyporthodus septemfasciatus*	原种	海南	
87	斑鰶	*Konosirus punctatus*	原种	浙江	
88	小黄鱼	*Larimichthys polyactis*	原种	浙江、广东	
89	尖吻鲈	*Lates calcarifer*	原种	浙江、福建、广东、广西、海南	
90	梭鱼	*Liza haematocheila*	原种	天津、河北、辽宁、上海、江苏、浙江、福建、广东	
91	四带笛鲷	*Lutjanus kasmira*	原种	海南	
92	川纹笛鲷	*Lutjanus sebae*	原种	广东、广西	
93	星点笛鲷	*Lutjanus stellatus*	原种	广东	
94	褐毛鲿	*Megalonibea fusca*	原种	福建	
95	鮸	*Miichthys miiuy*	原种	浙江、福建、广东	
96	银大眼鲳	*Monodactylus argenteus*	原种	天津	
97	鲻	*Mugil cephalus*	原种	江苏、浙江、福建、山东、广东、广西、海南	

（续）

序号	名称	学名	类型	主要养殖区域	备注
98	海鳗	*Muraenesox cinereus*	原种	福建、广东、甘肃	
99	银鲳	*Pampus argenteus*	原种	辽宁、浙江、福建、广西、海南	
100	灰鲳	*Pampus cinereus*	原种	广西、海南	
101	三线矶鲈	*Parapristipoma trilineatum*	原种	福建	
102	圆眼燕鱼	*Platax orbicularis*	原种	山东	
103	尖翅燕鱼	*Platax teira*	原种	山东、广西、海南	
104	石鲽	*Platichthys bicoloratus*	原种	山东	
105	星斑川鲽	*Platichthys stellatus*	原种	江苏、山东	
106	驼背胡椒鲷	*Plectorhinchus gibbosus*	原种	福建、广东	
107	大斑石鲈	*Pomadasys maculatus*	原种	福建、广东	
108	黄带拟鲹	*Pseudocaranx dentex*	原种	福建	
109	黄盖鲽	*Pseudopleuronectes yokohamae*	原种	山东	
110	大西洋鲑	*Salmo salar*	引进种	辽宁、浙江、山东、重庆、云南、甘肃、青海、新疆	
111	金钱鱼	*Scatophagus argus*	原种	上海、广东、广西、海南	
112	褐菖鲉	*Sebastiscus marmoratus*	原种	上海、浙江	
113	多纹钱蝶鱼	*Selenotoca multifasciata*	原种	浙江、广东、广西、海南、新疆	
114	黄斑篮子鱼	*Siganus canaliculatus*	原种	福建、广东、海南	
115	褐篮子鱼	*Siganus fuscescens*	原种	福建、广东、广西	
116	点斑篮子鱼	*Siganus guttatus*	原种	福建、广东、广西、海南	
117	多鳞鱚	*Sillago sihama*	原种	广西	
118	星点东方鲀	*Takifugu niphobles*	原种	河北	
119	弓斑东方鲀	*Takifugu ocellatus*	原种	福建	
120	花身鯻	*Terapon jarbua*	原种	广东、广西	
121	鯻	*Terapon theraps*	原种	广东	
122	黄鳍金枪鱼	*Thunnus albacares*	原种	海南	
123	条斑星鲽	*Verasper moseri*	原种	山东	
124	圆斑星鲽	*Verasper variegatus*	原种	江苏、山东	

（三）虾蟹类

序号	名称	学名	类型	主要养殖区域	备注
1	凡纳滨对虾	*Litopenaeus vannamei*	引进种	天津、河北、山西、内蒙古、辽宁、吉林、上海、江苏、浙江、安徽、福建、江西、山东、河南、湖北、湖南、广东、广西、海南、重庆、四川、贵州、云南、陕西、甘肃、宁夏、新疆、新疆生产建设兵团	

（续）

序号	名称	学名	类型	主要养殖区域	备注
2	凡纳滨对虾"中兴1号"	*Litopenaeus vannamei*	品种	天津、河北、山西、内蒙古、辽宁、上海、江苏、山东、湖北、湖南、广东、广西、四川、新疆	
3	凡纳滨对虾"科海1号"	*Litopenaeus vannamei*	品种	天津、河北、内蒙古、辽宁、江苏、山东、河南、湖北、湖南、广东、广西、海南、四川、陕西、宁夏	
4	凡纳滨对虾"中科1号"	*Litopenaeus vannamei*	品种	天津、河北、山西、辽宁、上海、江苏、浙江、安徽、江西、山东、湖北、湖南、广东、广西、重庆、四川、云南、甘肃、新疆	
5	凡纳滨对虾"桂海1号"	*Litopenaeus vannamei*	品种	天津、江苏、山东、湖南、广东、广西	
6	凡纳滨对虾"壬海1号"	*Litopenaeus vannamei*	品种	河北、辽宁、江苏、浙江、山东、湖南、广东、广西、新疆	
7	凡纳滨对虾"广泰1号"	*Litopenaeus vannamei*	品种	天津、河北、山西、内蒙古、辽宁、江苏、安徽、福建、江西、山东、湖北、湖南、广东、广西、海南、重庆、四川、贵州、云南、陕西、宁夏、新疆、新疆生产建设兵团	
8	凡纳滨对虾"海兴农2号"	*Litopenaeus vannamei*	品种	天津、河北、山西、内蒙古、辽宁、上海、江苏、浙江、安徽、福建、山东、湖北、湖南、广东、广西、海南、四川、云南、陕西、甘肃、新疆	
9	凡纳滨对虾"正金阳1号"	*Litopenaeus vannamei*	品种	天津、辽宁、江苏、山东、广东	
10	凡纳滨对虾"兴海1号"	*Litopenaeus vannamei*	品种	天津、河北、上海、江苏、福建、山东、湖北、湖南、广东、广西、重庆	
11	斑节对虾	*Penaeus monodon*	原种	天津、河北、辽宁、江苏、浙江、福建、山东、河南、湖南、广东、广西、海南、新疆	
12	斑节对虾"南海1号"	*Penaeus monodon*	品种	天津、河北、辽宁、浙江、广东、广西	
13	斑节对虾"南海2号"	*Penaeus monodon*	品种	广东、广西	
14	中国对虾	*Fenneropenaeus chinensis*	原种	天津、河北、内蒙古、辽宁、江苏、浙江、山东、广东、广西、四川	
15	中国对虾"黄海1号"	*Fenneropenaeus chinensis*	品种	天津、河北、辽宁、浙江、江西、山东、广东	
16	中国对虾"黄海2号"	*Fenneropenaeus chinensis*	品种	辽宁	
17	中国对虾"黄海3号"	*Fenneropenaeus chinensis*	品种	天津、河北、辽宁、山东	
18	中国对虾"黄海4号"	*Fenneropenaeus chinensis*	品种	辽宁、江苏、山东	
19	中国对虾"黄海5号"	*Fenneropenaeus chinensis*	品种	河北、辽宁、山东	

（续）

序号	名称	学名	类型	主要养殖区域	备注
20	日本囊对虾	*Marsupenaeus japonicus*	原种	河北、辽宁、江苏、浙江、福建、山东、广东、广西、海南	
21	日本囊对虾"闽海1号"	*Marsupenaeus japonicus*	品种	河北、辽宁、山东、广东、广西	
22	脊尾白虾	*Exopalaemon carinicauda*	原种	上海、江苏、浙江、湖南、海南、宁夏	
23	脊尾白虾"科苏红1号"	*Exopalaemon carinicauda*	品种	江苏	
24	脊尾白虾"黄育1号"	*Exopalaemon carinicauda*	品种	山东	
25	克氏原螯虾	*Procambarus clarkii*	引进种	北京、天津、河北、山西、内蒙古、辽宁、吉林、黑龙江、上海、江苏、浙江、安徽、福建、江西、山东、河南、湖北、湖南、广东、广西、海南、重庆、四川、贵州、云南、陕西、甘肃、宁夏、新疆、新疆生产建设兵团	
26	罗氏沼虾	*Macrobrachium rosenbergii*	引进种	天津、河北、黑龙江、上海、江苏、浙江、安徽、福建、江西、山东、河南、湖北、湖南、广东、广西、海南、重庆、四川、贵州、云南、陕西、新疆生产建设兵团	
27	罗氏沼虾"南太湖2号"	*Macrobrachium rosenbergii*	品种	上海、江苏、浙江、安徽、福建、江西、山东、湖北、湖南、广东、广西、四川、云南	
28	日本沼虾	*Macrobrachium nipponense*	原种	河北、山西、黑龙江、上海、江苏、浙江、安徽、福建、江西、山东、河南、湖北、湖南、广东、广西、四川、贵州、宁夏	
29	杂交青虾"太湖1号"	/	品种	天津、辽宁、吉林、江苏、浙江、安徽、江西、山东、河南、湖北、湖南、广东、广西、海南、重庆、四川、贵州、云南、陕西	
30	青虾"太湖2号"	*Macrobrachium nipponense*	品种	江苏、浙江、安徽、四川、云南	
31	三疣梭子蟹	*Portunus trituberculatus*	原种	天津、河北、辽宁、江苏、浙江、福建、山东、海南	
32	三疣梭子蟹"黄选1号"	*Portunus trituberculatus*	品种	河北、江苏、山东	
33	三疣梭子蟹"科甬1号"	*Portunus trituberculatus*	品种	浙江	
34	三疣梭子蟹"黄选2号"	*Portunus trituberculatus*	品种	河北、辽宁、山东	
35	拟穴青蟹	*Scylla paramamosain*	原种	河北、内蒙古、辽宁、江苏、浙江、福建、山东、河南、广东、广西、海南	
36	锯缘青蟹	*Scylla serrata*	原种	江苏、浙江、福建、山东、广西、海南	

（续）

序号	名称	学名	类型	主要养殖区域	备注
37	中华绒螯蟹	*Eriocheir sinensis*	原种	北京、天津、河北、山西、内蒙古、辽宁、吉林、黑龙江、上海、江苏、浙江、安徽、福建、江西、山东、河南、湖北、湖南、广东、广西、海南、重庆、四川、贵州、云南、陕西、甘肃、青海、宁夏、新疆、新疆生产建设兵团	
38	中华绒螯蟹"长江1号"	*Eriocheir sinensis*	品种	天津、山西、内蒙古、辽宁、上海、江苏、浙江、安徽、江西、山东、河南、湖北、湖南、四川、贵州、云南、陕西、宁夏、新疆	
39	中华绒螯蟹"光合1号"	*Eriocheir sinensis*	品种	天津、河北、山西、内蒙古、辽宁、吉林、黑龙江、上海、江苏、山东、湖北、广东、四川、贵州、云南、陕西、甘肃、宁夏、新疆、新疆生产建设兵团	
40	中华绒螯蟹"长江2号"	*Eriocheir sinensis*	品种	山西、江苏、浙江、安徽、山东、湖南、云南、陕西、新疆	
41	中华绒螯蟹"江海21"	*Eriocheir sinensis*	品种	内蒙古、上海、江苏、安徽、江西、山东、河南、湖北、湖南、四川、云南	
42	中华绒螯蟹"诺亚1号"	*Eriocheir sinensis*	品种	江苏、浙江、安徽、山东、四川、宁夏	
43	黄海褐虾	*Crangon uritai*	原种	山东	
44	墨吉对虾	*Fenneropenaeus merguiensis*	原种	广东	
45	长毛对虾	*Fenneropenaeus penicillatus*	原种	广西	
46	近缘新对虾	*Metapenaeus affinis*	原种	广东	
47	刀额新对虾	*Metapenaeus ensis*	原种	江苏、浙江、河南、湖北、湖南、广东、海南	
48	周氏新对虾	*Metapenaeus joyneri*	原种	江苏、山东	
49	口虾蛄	*Oratosquilla oratoria*	原种	浙江、山东、广东	
50	葛氏长臂虾	*Palaemon gravieri*	原种	浙江	
51	波纹龙虾	*Panulirus homarus*	原种	福建、广东、海南、陕西	
52	锦绣龙虾	*Panulirus ornatus*	原种	广东	特许养殖
53	中国龙虾	*Panulirus stimpsoni*	原种	广东、广西、海南、新疆	
54	短沟对虾	*Penaeus semisulcatus*	原种	福建、广东、海南	
55	红螯螯虾	*Cherax quadricarinatus*	引进种	北京、山西、辽宁、黑龙江、上海、江苏、浙江、安徽、福建、江西、山东、河南、湖北、湖南、广东、广西、海南、重庆、四川、贵州、云南、陕西、新疆、新疆生产建设兵团	
56	秀丽白虾	*Exopalaemon modestus*	原种	内蒙古、吉林、黑龙江、安徽、河南、海南	
57	海南沼虾	*Macrobrachium hainanense*	原种	广东、海南	

（续）

序号	名称	学名	类型	主要养殖区域	备注
58	锯齿新米虾	*Neocaridina denticulata*	原种	辽宁、江苏、山东、海南、云南	
59	中华小长臂虾	*Palaemonetes sinensis*	原种	北京、辽宁、吉林、黑龙江、安徽、江西	
60	日本蟳	*Charybdis japonica*	原种	浙江、山东	
61	远海梭子蟹	*Portunus pelagicus*	原种	福建、广西、海南	
62	红星梭子蟹	*Portunus sanguinolentus*	原种	福建	

（四）贝类

序号	名称	学名	类型	主要养殖区域	备注
1	长牡蛎	*Crassostrea gigas*	原种	辽宁、江苏、浙江、福建、山东、广西	
2	香港牡蛎	*Crassostrea hongkongensis*	原种	辽宁、福建、山东、广东、广西、海南	
3	近江牡蛎	*Crassostrea ariakensis*	原种	浙江、福建、山东、广东、广西、海南	
4	福建牡蛎	*Crassostrea angulata*	原种	辽宁、江苏、浙江、福建、山东、广东、广西、海南	
5	熊本牡蛎	*Crassostrea sikamea*	原种	辽宁、浙江、福建、山东、广西	
6	长牡蛎"海大1号"	*Crassostrea gigas*	品种	辽宁、山东	
7	长牡蛎"海大2号"	*Crassostrea gigas*	品种	山东	
8	长牡蛎"海大3号"	*Crassostrea gigas*	品种	河北、山东、广东	
9	长牡蛎"鲁益1号"	*Crassostrea gigas*	品种	山东	
10	长牡蛎"海蛎1号"	*Crassostrea gigas*	品种	福建、山东	
11	福建牡蛎"金蛎1号"	*Crassostrea angulata*	品种	浙江、福建、广东、广西	
12	熊本牡蛎"华海1号"	*Crassostrea sikamea*	品种	广西	
13	牡蛎"华南1号"	/	品种	辽宁、山东、广东、广西	
14	栉孔扇贝	*Chlamys farreri*	原种	辽宁、浙江、福建、山东	
15	华贵栉孔扇贝	*Chlamys nobilis*	原种	福建、广东	
16	海湾扇贝	*Argopecten irradians*	引进种	河北、辽宁、浙江、福建、山东	
17	虾夷扇贝	*Patinopecten yessoensis*	引进种	辽宁、山东	
18	紫扇贝	*Argopecten purpuratus*	引进种	辽宁、山东	
19	"蓬莱红"扇贝	*Chlamys farreri*	品种	辽宁、山东	

（续）

序号	名称	学名	类型	主要养殖区域	备注
20	栉孔扇贝"蓬莱红2号"	*Chlamys farreri*	品种	辽宁、山东	
21	华贵栉孔扇贝"南澳金贝"	*Chlamys nobilis*	品种	广东	
22	"中科红"海湾扇贝	*Argopecten irradians*	品种	辽宁、山东	
23	海湾扇贝"中科2号"	*Argopecten irradians*	品种	河北、山东	
24	海湾扇贝"海益丰12"	*Argopecten irradians*	品种	河北、山东	
25	海大金贝	*Patinopecten yessoensis*	品种	辽宁	
26	虾夷扇贝"獐子岛红"	*Patinopecten yessoensis*	品种	辽宁	
27	虾夷扇贝"明月贝"	*Patinopecten yessoensis*	品种	辽宁	
28	扇贝"渤海红"	/	品种	河北、辽宁、山东	
29	扇贝"青农2号"	/	品种	辽宁、山东	
30	扇贝"青农金贝"	/	品种	山东	
31	皱纹盘鲍	*Haliotis discus hannai*	原种	辽宁、江苏、福建、山东、广东	
32	杂色鲍	*Haliotis diversicolor*	原种	福建、广东	
33	西氏鲍	*Haliotis gigantea*	引进种	福建、广东	
34	绿鲍	*Haliotis fulgens*	引进种	福建	
35	"大连1号"杂交鲍	*Haliotis discus hannai*	品种	福建	
36	皱纹盘鲍"寻山1号"	*Haliotis discus hannai*	品种	福建、山东	
37	绿盘鲍	/	品种	福建、山东、广东	
38	杂色鲍"东优1号"	*Haliotis diversicolor*	品种	福建、海南	
39	西盘鲍	/	品种	辽宁、福建、广东	
40	菲律宾蛤仔	*Ruditapes philippinarum*	原种	天津、河北、辽宁、江苏、浙江、福建、山东、广东、广西	
41	文蛤	*Meretrix meretrix*	原种	辽宁、江苏、浙江、福建、山东、广东、广西	
42	青蛤	*Cyclina sinensis*	原种	天津、河北、辽宁、江苏、浙江、山东、广西	
43	菲律宾蛤仔"斑马蛤"	*Ruditapes philippinarum*	品种	辽宁、浙江	

（续）

序号	名称	学名	类型	主要养殖区域	备注
44	菲律宾蛤仔"白斑马蛤"	*Ruditapes philippinarum*	品种	辽宁、浙江	
45	菲律宾蛤仔"斑马蛤2号"	*Ruditapes philippinarum*	品种	辽宁	
46	文蛤"科浙1号"	*Meretrix meretrix*	品种	浙江、福建	
47	文蛤"万里红"	*Meretrix meretrix*	品种	江苏、浙江	
48	文蛤"万里2号"	*Meretrix meretrix*	品种	江苏、浙江	
49	文蛤"科浙2号"	*Meretrix meretrix*	品种	浙江	
50	缢蛏	*Sinonovacula constricta*	原种	河北、辽宁、江苏、浙江、福建、山东、河南、广东、广西	
51	缢蛏"申浙1号"	*Sinonovacula constricta*	品种	天津、辽宁、江苏、浙江	
52	缢蛏"甬乐1号"	*Sinonovacula constricta*	品种	辽宁、江苏、浙江、福建	
53	泥蚶	*Tegillarca granosa*	原种	浙江、福建、广东、广西、海南	
54	毛蚶	*Scapharca subcrenata*	原种	天津、河北、辽宁、江苏、浙江、山东	
55	魁蚶	*Scapharca broughtonii*	原种	辽宁、山东、广西	
56	泥蚶"乐清湾1号"	*Tegillarca granosa*	品种	浙江	
57	紫贻贝	*Mytilus edulis*	原种	辽宁、江苏、浙江、福建、山东	
58	厚壳贻贝	*Mytilus coruscus*	原种	辽宁、浙江、福建、山东	
59	翡翠贻贝	*Perna viridis*	原种	福建、广东、广西	
60	方斑东风螺	*Babylonia areolata*	原种	福建、广东、广西、海南	
61	泥螺	*Bullacta caurina*	原种	辽宁、江苏、浙江、山东、广西	
62	泥东风螺	*Babylonia lutosa*	原种	福建、广东、海南	
63	方斑东风螺"海泰1号"	*Babylonia areolata*	品种	福建、广东、海南	
64	栉江珧	*Atrina pectinata*	原种	福建、山东、广东、广西	
65	马氏珠母贝	*Pinctada fucata martensii*	原种	广东、广西、海南	
66	马氏珠母贝"海优1号"	*Pinctada fucata martensii*	品种	广西	
67	马氏珠母贝"海选1号"	*Pinctada fucata martensii*	品种	广东、广西	
68	马氏珠母贝"南珍1号"	*Pinctada fucata martensii*	品种	海南	
69	马氏珠母贝"南科1号"	*Pinctada fucata martensii*	品种	广西	
70	金乌贼	*Sepia esculenta*	原种	江苏、山东	
71	曼氏无针乌贼	*Sepiella japonica*	原种	浙江、福建、山东	
72	虎斑乌贼	*Sepia pharaonis*	原种	浙江、福建、海南	

（续）

序号	名称	学名	类型	主要养殖区域	备注
73	短蛸	*Amphioctopus fangsiao*	原种	江苏、山东、广东	
74	长蛸	*Octopus minor*	原种	山东	
75	中华蛸	*Octopus sinensis*	原种	浙江、福建	
76	三角帆蚌	*Hyriopsis cumingii*	原种	上海、江苏、浙江、安徽、福建、江西、山东、河南、湖南、广东、广西、四川、贵州	
77	褶纹冠蚌	*Cristaria plicata*	原种	黑龙江、上海、浙江、安徽、河南	
78	池蝶蚌	*Hyriopsis schlegeli*	引进种	浙江、江西	
79	三角帆蚌"申紫1号"	*Hyriopsis cumingii*	品种	上海、浙江、安徽	
80	三角帆蚌"浙白1号"	*Hyriopsis cumingii*	品种	浙江、安徽	
81	三角帆蚌"申浙3号"	*Hyriopsis cumingii*	品种	上海、浙江、安徽	
82	池蝶蚌"鄱珠1号"	*Hyriopsis schlegeli*	品种	安徽、江西	
83	康乐蚌	/	品种	安徽、四川	
84	中华圆田螺	*Cipangopaludina catayensis*	原种	黑龙江、浙江、安徽、福建、江西、山东、湖北、湖南、广东、广西、重庆、四川、贵州、云南	
85	中国圆田螺	*Cipangopaludina chinensis*	原种	安徽、福建、江西、湖南、广东、广西、重庆、云南	
86	铜锈环棱螺	*Sinotaia aeruginosa*	原种	安徽、湖南、广西	
87	梨形环棱螺	*Sinotaia purificata*	原种	江苏、湖南、广西	
88	方形环棱螺	*Sinotaia quadrata*	原种	江苏、浙江、安徽、江西、湖南、广西、云南	
89	凸壳肌蛤	*Arcuatula senhousia*	原种	福建、山东、广东	
90	中国仙女蛤	*Callista chinensis*	原种	福建	
91	岩牡蛎	*Crassostrea nippona*	原种	辽宁、福建	
92	小刀蛏	*Cultellus attenuatus*	原种	浙江	
93	红树蚬	*Geloina erosa*	原种	广西	
94	等边浅蛤	*Gomphina aequilatera*	原种	浙江	
95	管角螺	*Hemifusus tuba*	原种	浙江、广东	
96	大獭蛤	*Lutraria maxima*	原种	广西	
97	施氏獭蛤	*Lutraria sieboldii*	原种	广西	
98	西施舌	*Mactra antiquata*	原种	江苏、浙江、福建、山东、广东	
99	中国蛤蜊	*Mactra chinensis*	原种	辽宁、山东	

（续）

序号	名称	学名	类型	主要养殖区域	备注
100	四角蛤蜊	*Mactra quadrangularis*	原种	河北、辽宁、江苏、浙江、山东、广东	
101	硬壳蛤	*Mercenaria mercenaria*	引进种	天津、江苏、浙江、福建、山东、广东	
102	皱肋文蛤	*Meretrix lyrata*	原种	浙江、广东、广西	
103	短文蛤	*Meretrix petechialis*	原种	辽宁、江苏、山东、广西	
104	彩虹明樱蛤	*Moerella iridescens*	原种	浙江	
105	香螺	*Neptunea cumingii*	原种	辽宁、江苏	
106	密鳞牡蛎	*Ostrea denselamellosa*	原种	山东	
107	织锦巴非蛤	*Paphia textile*	原种	福建、广西	
108	波纹巴非蛤	*Paphia undulata*	原种	福建、广东、广西	
109	珠母贝	*Pinctada margaritifera*	原种	广西、海南	
110	大珠母贝	*Pinctada maxima*	原种	广西、海南	特许养殖
111	光滑河篮蛤	*Potamocorbula laevis*	原种	辽宁、江苏、山东	
112	红肉河篮蛤	*Potamocorbula rubromuscula*	原种	广东	
113	企鹅珍珠贝	*Pteria penguin*	原种	广东、广西	
114	脉红螺	*Rapana venosa*	原种	辽宁、浙江、山东、广东	
115	疣荔枝螺	*Reishia clavigera*	原种	广东	
116	紫石房蛤	*Saxidomus purpuratus*	原种	广东	
117	大竹蛏	*Solen grandis*	原种	辽宁、江苏、山东、广东	
118	长竹蛏	*Solen strictus*	原种	江苏、山东	
119	双线紫蛤	*Soletellina diphos*	原种	福建	
120	钝缀锦蛤	*Tapes dorsatus*	原种	广西	
121	扭蚌	*Arconaia lanceolata*	原种	安徽	
122	河蚬	*Corbicula fluminea*	原种	安徽	
123	巨首楔蚌	*Cuneopsis capitata*	原种	安徽	
124	圆头楔蚌	*Cuneopsis heudei*	原种	安徽	
125	鱼尾楔蚌	*Cuneopsis pisciculus*	原种	安徽	
126	洞穴丽蚌	*Lamprotula caveata*	原种	安徽	
127	绢丝丽蚌	*Lamprotula fibrosa*	原种	浙江	特许养殖
128	背瘤丽蚌	*Lamprotula leaii*	原种	浙江、安徽、湖北、湖南	特许养殖
129	猪耳丽蚌	*Lamprotula rochechouartii*	原种	浙江、安徽	
130	失衡丽蚌	*Lamprotula tortuosa*	原种	浙江	
131	真柱状矛蚌	*Lanceolaria eucylindrica*	原种	安徽	

（续）

序号	名称	学名	类型	主要养殖区域	备注
132	短褶矛蚌	*Lanceolaria grayana*	原种	安徽	
133	圆顶珠蚌	*Nodularia douglasiae*	原种	安徽	
134	射线裂嵴蚌	*Schistodesmus lampreyanus*	原种	安徽	
135	背角无齿蚌	*Sinanodonta woodiana*	原种	上海、浙江、安徽、湖南	
136	橄榄蛏蚌	*Solenaia oleivora*	原种	浙江、安徽	

（五）藻类

序号	名称	学名	类型	主要养殖区域	备注
1	海带	*Saccharina japonica*	引进种	辽宁、浙江、福建、山东、广东	
2	"901"海带	/	品种	福建、山东	
3	"荣福"海带	/	品种	福建、山东	
4	"东方2号"杂交海带	/	品种	山东	
5	杂交海带"东方3号"	/	品种	山东	
6	"爱伦湾"海带	*Saccharina japonica*	品种	山东	
7	海带"黄官1号"	*Saccharina japonica*	品种	浙江、福建	
8	"三海"海带	/	品种	辽宁、浙江、福建、山东	
9	海带"东方6号"	*Saccharina japonica*	品种	山东	
10	海带"205"	*Saccharina japonica*	品种	山东	
11	海带"东方7号"	*Saccharina japonica*	品种	山东	
12	海带"中宝1号"	*Saccharina japonica*	品种	辽宁	
13	条斑紫菜	*Neopyropia yezoensis*	原种	江苏、福建、山东	
14	条斑紫菜"苏通1号"	*Neopyropia yezoensis*	品种	江苏	
15	条斑紫菜"苏通2号"	*Neopyropia yezoensis*	品种	江苏	
16	坛紫菜	*Pyropia haitanensis*	原种	江苏、浙江、福建、山东、广东	
17	坛紫菜"申福1号"	*Pyropia haitanensis*	品种	浙江、福建	
18	坛紫菜"闽丰1号"	*Pyropia haitanensis*	品种	浙江、福建、广东	
19	坛紫菜"申福2号"	*Pyropia haitanensis*	品种	浙江、福建	
20	坛紫菜"浙东1号"	*Pyropia haitanensis*	品种	浙江	
21	坛紫菜"闽丰2号"	*Pyropia haitanensis*	品种	福建	
22	裙带菜	*Undaria pinnatifida*	原种	辽宁、山东	
23	裙带菜"海宝1号"	*Undaria pinnatifida*	品种	辽宁、山东	
24	裙带菜"海宝2号"	*Undaria pinnatifida*	品种	辽宁	
25	龙须菜	*Gracilariopsis lemaneiformis*	原种	辽宁、福建、山东、广东	

（续）

序号	名称	学名	类型	主要养殖区域	备注
26	"981"龙须菜	*Gracilariopsis lemaneiformis*	品种	山东	
27	龙须菜"2007"	*Gracilariopsis lemaneiformis*	品种	山东	
28	龙须菜"鲁龙1号"	*Gracilariopsis lemaneiformis*	品种	福建、山东	
29	脆江蓠	*Gracilaria chouae*	原种	福建	
30	细基江蓠繁枝变种	*Gracilaria tenuistipitata*	原种	海南	
31	异枝江蓠	*Gracilariopsis heteroclada*	原种	海南	
32	菊花心江蓠	*Gracilaria lichevoides*	原种	福建、广东、海南	
33	红毛菜	*Bangia fuscopurpurea*	原种	福建	
34	琼枝	*Betaphycus gelatinus*	原种	海南	
35	角叉菜	*Chondrus ocellatus*	原种	海南	
36	麒麟菜	*Eucheuma denticulatum*	原种	海南	
37	长心卡帕藻	*Kappaphycus alvarezii*	原种	海南	
38	羊栖菜	*Sargassum fusiforme*	原种	浙江	
39	鼠尾藻	*Sargassum thunbergii*	原种	浙江、山东、海南	
40	浒苔	*Ulva prolifera*	原种	浙江	
41	钝顶节旋藻	*Arthrospira platensis*	原种	内蒙古、江苏、浙江、福建、江西、广西、云南、宁夏	

（六）两栖爬行类

序号	名称	学名	类型	主要养殖区域	备注
1	中华鳖	*Pelodiscus sinensis*	原种	北京、天津、河北、山西、内蒙古、辽宁、吉林、黑龙江、上海、江苏、浙江、安徽、福建、江西、山东、河南、湖北、湖南、广东、广西、海南、重庆、四川、贵州、云南、陕西、甘肃、宁夏、新疆	
2	中华鳖日本品系	*Pelodiscus sinensis*	引进种	河北、上海、江苏、浙江、安徽、福建、江西、河南、湖北、湖南、广东、广西、四川	
3	清溪乌鳖	*Pelodiscus sinensis*	品种	浙江、安徽、湖北、广东、陕西	

（续）

序号	名称	学名	类型	主要养殖区域	备注
4	中华鳖"浙新花鳖"	*Pelodiscus sinensis*	品种	江苏、浙江、安徽、江西、河南、广西、重庆、四川、云南、陕西	
5	中华鳖"永章黄金鳖"	*Pelodiscus sinensis*	品种	河北、山西、浙江、湖北、广西、云南	
6	中华鳖"珠水1号"	*Pelodiscus sinensis*	品种	江苏、浙江、湖北、湖南、广东、广西、四川、云南	
7	佛罗里达鳖	*Apalone ferox*	引进种	浙江、广东、广西、海南	
8	角鳖	*Apalone spinifera*	引进种	北京、广东、广西	特许养殖
9	山瑞鳖	*Palea steindachneri*	原种	北京、浙江、福建、湖北、湖南、广东、广西、贵州、云南	特许养殖
10	砂鳖	*Pelodiscus axenaria*	原种	江苏、浙江、江西、湖南、广东、广西、四川	特许养殖
11	乌龟	*Mauremys reevesii*	原种	北京、河北、山西、上海、江苏、浙江、安徽、福建、江西、山东、河南、湖北、湖南、广东、广西、海南、重庆、四川、云南	特许养殖
12	中华花龟	*Mauremys sinensis*	原种	山西、上海、江苏、浙江、安徽、江西、河南、湖北、湖南、广东、广西、海南、四川、贵州	特许养殖
13	黄喉拟水龟	*Mauremys mutica*	原种	北京、河北、山西、上海、江苏、浙江、安徽、福建、江西、山东、河南、湖北、湖南、广东、广西、海南、重庆、四川、贵州、云南	特许养殖
14	巴西红耳龟	*Trachemys scripta elegans*	引进种	河北、山西、上海、江苏、浙江、安徽、江西、河南、湖北、湖南、广东、广西、海南、重庆、四川、贵州	依规特定区域养殖
15	拟鳄龟	*Chelydra serpentina*	引进种	北京、上海、江苏、浙江、福建、江西、湖北、湖南、广东、广西、海南、四川	
16	大鳄龟	*Macroclemys temminckii*	引进种	北京、河北、山西、江苏、浙江、江西、河南、湖北、湖南、广东、广西、四川、贵州、云南、甘肃	依规特定区域养殖
17	黄缘闭壳龟	*Cuora flavomarginata*	原种	北京、山西、上海、江苏、浙江、安徽、福建、江西、山东、河南、湖北、湖南、广东、广西、海南、重庆、四川、贵州、云南	特许养殖

（续）

序号	名称	学名	类型	主要养殖区域	备注
18	三线闭壳龟	*Cuora trifasciata*	原种	北京、江苏、浙江、安徽、福建、江西、河南、湖南、广东、广西、海南、重庆、贵州	特许养殖
19	斑点星水龟	*Clemmys guttata*	引进种	北京、山西、上海、江苏、浙江、安徽、山东、湖北、广东、广西、海南	特许养殖
20	大东方龟	*Heosemys grandis*	引进种	北京、浙江、广东、广西、海南、云南	特许养殖
21	咸水龟	*Batagur borneoensis*	引进种	北京、浙江、广西、海南	特许养殖
22	三棱潮龟	*Batagur dhongoka*	原种	海南	特许养殖
23	两爪鳖	*Carettochelys insculpta*	引进种	北京、福建、广东、海南	特许养殖
24	安布闭壳龟	*Cuora amboinensis*	原种	北京、江苏、浙江、福建、河南、湖北、广东、广西、海南、云南	特许养殖
25	金头闭壳龟	*Cuora aurocapitata*	原种	北京、江苏、浙江、安徽、山东、河南、湖北、广东、广西、海南	特许养殖
26	黄额闭壳龟	*Cuora galbinifrons*	原种	北京、山西、江苏、浙江、安徽、福建、江西、山东、湖北、湖南、广东、广西、海南、四川	特许养殖
27	百色闭壳龟	*Cuora mccordi*	原种	北京、江苏、浙江、安徽、广东、广西、海南、四川	特许养殖
28	锯缘闭壳龟	*Cuora mouhotii*	原种	北京、山西、江苏、浙江、安徽、福建、江西、河南、湖南、广东、广西、海南	特许养殖
29	潘氏闭壳龟	*Cuora pani*	原种	北京、山西、江苏、浙江、安徽、山东、河南、湖北、广西、海南	特许养殖
30	云南闭壳龟	*Cuora yunnanensis*	原种	北京、安徽、广西	特许养殖
31	周氏闭壳龟	*Cuora zhoui*	原种	北京、海南	特许养殖
32	齿缘摄龟	*Cyclemys dentata*	原种	北京、湖南、广东、广西、云南	特许养殖
33	欧氏摄龟	*Cyclemys oldhamii*	原种	河南、广西	特许养殖
34	泥龟	*Dermatemys mawii*	引进种	北京	特许养殖

（续）

序号	名称	学名	类型	主要养殖区域	备注
35	黑池龟	*Geoclemys hamiltonii*	引进种	北京、广东、广西、海南	特许养殖
36	地龟	*Geoemyda spengleri*	原种	北京、江苏、浙江、江西、山东、湖北、湖南、广东、广西、海南	特许养殖
37	木雕水龟	*Glyptemys insculpta*	引进种	北京、上海、江苏、安徽、福建、湖北、广东、广西、海南	特许养殖
38	伪地图龟	*Graptemys pseudogeographica*	引进种	上海、浙江、河南、湖北、广西、海南	
39	庙龟	*Heosemys annandalii*	引进种	北京、浙江、安徽、江西、广东、广西、海南	特许养殖
40	钻纹龟	*Malaclemys terrapin*	引进种	北京、山西、上海、江苏、浙江、安徽、福建、湖北、广东、广西、海南	特许养殖
41	日本拟水龟	*Mauremys japonica*	引进种	北京、河北、上海、江苏、浙江、安徽、江西、河南、湖北、广东、广西、海南	特许养殖
42	大头乌龟	*Mauremys megalocephala*	原种	广东	特许养殖
43	黑颈乌龟	*Mauremys nigricans*	原种	北京、江苏、浙江、安徽、江西、湖南、广东、广西、海南、贵州	特许养殖
44	黑山龟	*Melanochelys trijuga*	引进种	北京	特许养殖
45	平胸龟	*Platysternon megacephalum*	原种	北京、江苏、浙江、安徽、福建、江西、湖北、湖南、广东、广西、云南	特许养殖
46	黄头侧颈龟	*Podocnemis unifilis*	引进种	北京、广东、海南	特许养殖
47	眼斑水龟	*Sacalia bealei*	原种	北京、山西、江苏、浙江、安徽、福建、江西、河南、广东、广西、海南	特许养殖
48	四眼斑水龟	*Sacalia quadriocellata*	原种	北京、山西、江苏、浙江、安徽、福建、江西、湖北、湖南、广东、广西、海南	特许养殖
49	粗颈龟	*Siebenrockiella crassicollis*	引进种	北京、广东、广西、海南	特许养殖
50	卡罗莱纳箱龟	*Terrapene carolina*	引进种	北京、山西、江苏、浙江、安徽、福建、江西、山东、河南、湖北、湖南、广东、广西、海南、云南	特许养殖
51	黄腹滑龟	*Trachemys scripta scripta*	引进种	上海、浙江、江西、广西	

(续)

序号	名称	学名	类型	主要养殖区域	备注
52	湾鳄	*Crocodylus porosus*	引进种	湖南、广东、广西、海南、云南	特许养殖
53	暹罗鳄	*Crocodylus siamensis*	引进种	北京、河北、江苏、浙江、安徽、福建、江西、山东、河南、湖北、湖南、广东、广西、海南、四川、贵州、云南、甘肃	特许养殖
54	牛蛙	*Rana catesbeiana*	引进种	河北、江苏、浙江、安徽、福建、江西、河南、湖北、湖南、广东、广西、海南、重庆、四川、贵州、云南、陕西、新疆生产建设兵团	依规特定区域养殖
55	东北林蛙	*Rana dybowskii*	原种	山西、内蒙古、辽宁、吉林、黑龙江、山东、四川、贵州、云南	
56	黑龙江林蛙	*Rana amurensis*	原种	内蒙古、吉林、黑龙江、江西	
57	中国林蛙	*Rana chensinensis*	原种	辽宁、吉林、江苏、江西、山东	
58	虎纹蛙	*Hoplobatrachus chinensis*	原种	江苏、浙江、安徽、福建、江西、湖北、湖南、广东、广西、海南、重庆	特许养殖
59	黑斑侧褶蛙	*Pelophylax nigromaculatus*	原种	河北、山西、江苏、浙江、安徽、福建、江西、山东、河南、湖北、湖南、广东、广西、海南、重庆、四川、贵州、云南、陕西	
60	棘胸蛙	*Quasipaa spinosa*	原种	浙江、安徽、福建、江西、湖北、湖南、广东、广西、重庆、四川、贵州、云南、陕西	
61	大鲵	*Andrias davidianus*	原种	北京、河北、山西、辽宁、吉林、黑龙江、江苏、浙江、安徽、福建、江西、山东、河南、湖北、湖南、广东、广西、重庆、四川、贵州、云南、陕西、甘肃、新疆	特许养殖
62	山溪鲵	*Batrachuperus pinchonii*	原种	江苏、四川、甘肃	特许养殖

（七）棘皮类

序号	名称	学名	类型	主要养殖区域	备注
1	刺参	*Apostichopus japonicus*	原种	河北、辽宁、江苏、浙江、福建、山东	
2	刺参"水院1号"	*Apostichopus japonicus*	品种	河北、辽宁、福建、山东	

（续）

序号	名称	学名	类型	主要养殖区域	备注
3	刺参"崆峒岛1号"	*Apostichopus japonicus*	品种	山东	
4	刺参"安源1号"	*Apostichopus japonicus*	品种	河北、辽宁、福建、山东	
5	刺参"东科1号"	*Apostichopus japonicus*	品种	河北、辽宁、福建、山东	
6	刺参"参优1号"	*Apostichopus japonicus*	品种	河北、辽宁、福建、山东	
7	刺参"鲁海1号"	*Apostichopus japonicus*	品种	河北、福建、山东	
8	糙海参	*Holothuria scabra*	原种	福建、广东、广西	
9	花刺参	*Stichopus horrens*	原种	海南	
10	紫海胆	*Heliocidaris crassispina*	原种	辽宁、福建、山东、广东	
11	光棘球海胆	*Mesocentrotus nudus*	原种	辽宁、山东	
12	中间球海胆	*Strongylocentrotus intermedius*	引进种	辽宁、福建、山东	
13	中间球海胆"大金"	*Strongylocentrotus intermedius*	品种	辽宁	
14	海刺猬	*Glyptocidaris crenularis*	原种	广东	

（八）其他类

序号	名称	学名	类型	主要养殖区域	备注
1	海蜇	*Rhopilema esculentum*	原种	辽宁、江苏、浙江、山东、广东	
2	单环刺螠	*Urechis unicinctus*	原种	河北、辽宁、山东	
3	双齿围沙蚕	*Perinereis aibuhitensis*	原种	辽宁、江苏、浙江、福建、广东、广西	
4	疣吻沙蚕	*Tylorrhynchus heterochetus*	原种	福建、广东、广西	
5	可口革囊星虫	*Phascolosoma esculenta*	原种	浙江、福建、广东、广西	
6	裸体方格星虫	*Sipunculus nudus*	原种	福建、广东、广西	
7	日本医蛭	*Hirudo nippnica*	原种	江苏、浙江、安徽、山东、湖北、湖南、广西	
8	菲牛蛭	*Poecilobdella manillensis*	原种	江苏、安徽、湖北、湖南、广东、广西、云南	
9	宽体金线蛭	*Whitmania pigra*	原种	河北、辽宁、黑龙江、江苏、浙江、安徽、江西、山东、河南、湖北、湖南、重庆、四川、陕西	
10	中华仙影海葵	*Calliactis sinensis*	原种	浙江	

（续）

序号	名称	学名	类型	主要养殖区域	备注
11	海月水母	*Aurelia aurita*	原种	广东	
12	巴布亚硝水母	*Mastigias papua*	原种	广东	
13	厦门文昌鱼	*Branchiostoma belcheri*	原种	福建	特许养殖
14	中国鲎	*Tachypleus tridentatus*	原种	福建、广东、广西	特许养殖

编制说明

　　《全国水产养殖种质资源状况报告》（以下简称《报告》）由农业农村部渔业渔政管理局、中国水产科学研究院、全国水产技术推广总站共同编制，相关数据和资料来源于第一次全国水产养殖种质资源基本情况普查和系统调查结果（2021—2023年）。

　　为全面客观评价全国水产养殖种质资源状况，农业农村部渔业渔政管理局组织全国水产技术推广总站以县域为单位，对全国所有养殖场（户）（含水产原良种场、遗传育种中心、苗种场和普通养殖场等）的水产养殖种质资源种类、群体数量、区域分布和保护利用等情况进行基本情况普查。在基本情况普查基础上，依托中国水产科学研究院开展主要水产养殖种质资源情况系统调查，从形态特征、遗传多样性、品质特性三个方面科学评估其特征特性。

　　《报告》将种质资源分为淡水鱼、海水鱼、虾蟹、贝、藻、两栖爬行、棘皮、其他8类。各类种质资源的数量和分布基于基本情况普查结果，其中水产养殖种质资源的列入标准为：（1）在普查节点（2021年）时人工繁育技术已成熟、有稳定亲本群体且服务于养殖生产的种质资源，或是自然采集苗种但养殖技术成熟且产业规模大的种质资源（如日本鳗鲡等）；（2）种质资源的用途应主要是为满足人类食用、育种、药用、观赏等需求，不包括间接利用的，如饵料生物等；（3）国外引进的非野生保护动物的种质资源，应经农业农村部审批并取得审批手续；（4）国外引进的水生野生保护动物种质资源，应经国家濒危物种进出口管理机构审批并取得审批手续。其中原种，指取自模式种采集水域或取自其他天然水域并用于养（增）殖（栽培）生产的野生水生动、植物种，以及用于选育种的原始亲本；品种，指经多代人工选择育成的遗传稳定，并有别于原种或同种内其他群体之优良经济性状及其他表型性状的水生动、植物，原则上指农业农村部公告的新品种；引进种，指从国外引进养（增）殖且我国没有的水生动、植物资源。区域分布：以水产养殖种质资源养殖、保种、育苗分布的省（自治区、直辖市）和县（市、区）为单位进行统计。

　　《报告》中特征特性基于系统调查结果，其中形态特征参照GB/T 18654.3—2002、GB/T 19782—2005、GB/T 38583及物种种质标准等。遗传多样性通过基于全基因组重测序结果计算的群体遗传学参数展示，主要包括：π（核苷酸多态性）和F_{ST}（群体间遗传分化指数）等指标。

π计算公式(Nei & Li, 1979)为：$\pi = 2 \times \sum_{i=2}^{n} \sum_{j=1}^{i-1} x_i x_j \pi_{ij}$，式中$x_i$和$x_j$分别是第$i$和$j$序列的频率，$\pi_{ij}$是$i$和$j$两个序列之间的核苷酸差异数，$n$是样本中的序列数；$F_{ST}$计算公式为：$F_{ST} = (H_T - H_S) / H_T$，

式中 H_S 为某个群体中的平均杂合度，H_T 为复合群体中的平均杂合度。杂合度计算公式（假设基因座上的等位基因只有两种情况，概率分别为 p_1 和 p_2）为：$H=1-p_1^2-p_2^2=2p_1p_2$。品质性状中水分测定参照 GB 5009.3—2016 第一法直接干燥法；灰分测定参照 GB 5009.4—2016 第一法灼烧法；蛋白质测定参照 GB 5009.5—2016 第一法凯氏定氮法；脂肪测定参照 GB 5009.6—2016 第二法酸水解法；总糖测定参照 GB/T 15672—2009；虾青素测定参照 SC/T 3053—2019；海参皂苷含量测定参照 GB/T 33108—2016；海参多糖测定参照 SC/T 3049—2015；碘测定参照 GB 5009.267—2020 第二法氧化还原滴定法；褐藻酸盐测定参照 SC/T 3405—2018；甘露醇测定参照 SC/T 3405—2018；氨基酸测定参照 GB 5009.124—2016；脂肪酸测定参照 GB 5009.168—2016 第二法外标法。

《报告》第九章国家水产养殖种质资源种类名录（2023年版）包含序号、种类、名称、学名、类型、主要养殖区域和备注等7个指标。种类及其排序：种类分为淡水鱼、海水鱼、虾蟹、贝、藻、两栖爬行、棘皮、其他8类。总体排序原则：每一种类中，先排"养殖产业规模较大、养殖较普遍的种质资源"且按照行业习惯（如青鱼、草鱼、鲢、鳙、鲤、鲫、鲂等）排序，各物种涉及的当前育种工作必需的近缘种就近排序，涉及的新品种（含审定的引进种）排在对应的原种或引进种之后且按照审定年份排序；后排"产业规模小的种质资源"，且按照学名首字母进行排序。各种类的特殊排序原则：淡水鱼，按总体原则排序；海水鱼，按总体原则排序；虾蟹类，总体上先虾后蟹、先海水再淡水排序，再按照总体原则排序；贝类，总体上先海水再淡水排序，再按照总体原则排序；藻类，总体上先海水再淡水排序，再按照总体原则排序；两栖爬行类，总体上先按照鳖、龟、鳄、蛙、鲵类排序，再按照总体原则排序；棘皮类，总体上先按照海参、海胆排序，再按照总体原则排序；其他类，总体上按照海蜇、海肠、沙蚕、星虫、蛭、海葵、水母、文昌鱼、中国鲎等排序。名称：为中文名，资源类型为原种时，使用其所属物种的中文名（行业习惯）；资源类型为农业农村部公告的新品种时，使用新品种名称；葡萄牙牡蛎在产业技术体系里已达成共识，统一为福建牡蛎；根据《中华人民共和国国家通用语言文字法》，"鲶"改为"鲇"。学名：为拉丁名，原种和种内杂交的新品种使用资源所属物种的拉丁名，种间、属间等远缘杂交的新品种不标注拉丁名。拉丁名统一参照权威分类学家给出的标准。类型：分为原种、品种和引进种。主要养殖区域：种质资源养殖、保种、育苗分布的主要省份。备注：需要特别标注的内容，对于《国家重点保护野生动物名录》以及《濒危野生动植物种国际贸易公约》附录中的种质资源，备注"特许养殖"；如为已列入2022年12月农业农村部等7部门联合发布的《重点管理外来入侵物种名录》的物种，备注"特定区域养殖"。品种原则上应经农业农村部审定公告，如未经审定，备注"其他品种"。

《报告》在编制过程中广泛征集了各有关方面的意见，并通过了评审专家组的审定。

注：本报告数据未包含香港、澳门和台湾地区。

图书在版编目（CIP）数据

国家水产养殖种质资源状况报告/第一次全国水产养殖种质资源普查工作办公室编. —北京：中国农业出版社，2024.5
ISBN 978-7-109-31982-0

Ⅰ.①国…　Ⅱ.①第…　Ⅲ.①水产养殖–种质资源–研究报告–中国　Ⅳ.①S922

中国国家版本馆CIP数据核字（2024）第098622号

国家水产养殖种质资源状况报告
GUOJIA SHUICHAN YANGZHI ZHONGZHI ZIYUAN ZHUANGKUANG BAOGAO

中国农业出版社出版
地址：北京市朝阳区麦子店街18号楼
邮编：100125
责任编辑：王金环　蔺雅婷
版式设计：李文革　　责任校对：吴丽婷　　责任印制：王　宏
印刷：北京通州皇家印刷厂
版次：2024年5月第1版
印次：2024年5月北京第1次印刷
发行：新华书店北京发行所
开本：889mm×1194mm　1/16
印张：9.75
字数：200千字
定价：98.00元